纺织服装高等教育“十三五”部委级规划教材

运动服装设计

主　编　陈　彬

参　编　臧洁雯　徐春华　周　洋

　　　　董殊婷　雷思雨

東華大學出版社·上海

内容简介

现代运动服装的设计已经不仅仅属于艺术设计的范畴，它涵盖了跨越门类的知识领域，需要建筑在服饰美学、服装工艺技术及纺织技术等服装等要素之上。同时也需要特别考虑各专项运动的特点、运动的环境要求，还要对人体有充分的了解。

本书从运动服装的造型设计、运动服装的色彩设计和运动服装的材质设计三方面进行探讨，提出现代运动服装除了改善人们的身体健康和心理健康之外，它同时也是人们休闲和社交的方式必需品。基于此，运动服装的设计除了满足舒适性、功能性、创新性之外，更需要注重美观性、时尚性和整体性。最后结合实例分析，详细介绍运动服装设计开发流程。读者可以从中了解运动服装设计的新理念、新方法以及新的技术在设计中的应用。

本书既有一定的理论高度，又通俗易懂、图文并茂、贴近生活。可作为我国高等院校服装设计专业运动服饰本科和研究生教学用书，对从事运动服装设计、运动配饰设计、时装专业相关从业者和已具备时装设计基本知识的时装艺术爱好者也是一本有益的参考读物。

图书在版编目（CIP）数据

运动服装设计 / 陈彬主编. —上海：东华大学出版社，2018.5

ISBN 978-7-5669-1318-0

Ⅰ. ①运… Ⅱ. ①陈… Ⅲ. ①运动服—服装设计 Ⅳ. ①TS941.734

中国版本图书馆CIP数据核字（2017）第295377号

运动服装设计

YUNDONG FUZHUANG SHEJI

主　　编：陈　彬
出　　版：东华大学出版社（上海市延安西路1882号，200051）
网　　址：http://dhupress.dhu.edu.cn
天猫旗舰店：http://dhdx.tmall.com
营销中心：021-62193056　62373056　62379558
印　　刷：上海雅昌艺术印刷有限公司
开　　本：889 mm × 1194 mm　1/16　印张：8.5
字　　数：280千字
版　　次：2018年5月第1版
印　　次：2018年5月第1次印刷
书　　号：ISBN 978-7-5669-1318-0
定　　价：55.00元

序　言

时代的发展对运动服装的设计提出了更高水平、更高层次的要求，现代运动服装的设计已经不仅仅属于艺术设计的范畴，它涵盖了跨越门类的知识领域，需要建立在服饰美学、服装工艺技术及纺织技术等要素之上。同时也需要特别考虑各专项运动的特点、运动的环境要求，还要求对人体有充分的了解，这样才能设计出符合运动需要的运动服装及相应的服饰品。现代运动服装的意义除从改善人们的身体健康和心理健康之外，它同时也是人们休闲和社交的着装方式之一。基于此人们在选购运动服装时对其舒适性、功能性、创新性提出高要求之外，对其美观性、时尚性、整体性也有了更高层次的标准和要求。

运动服装设计主要包括运动服装的内外造型设计、运动服装的色彩设计、运动服装的材质设计三个方面。本书通过列举大量运动服装品牌案例作品对运动服装的设计元素及设计特征一一进行表述与分析，对专业运动服装在造型、色彩、材质及图案等元素的设计特征分析的基础上，对当前生活时尚类运动服装的发展及设计表现展开全面而深入的分析与总结。同时结合具体案例作品，引入近年来国内外运动服装的流行表现特征，将运动服装的流行特征与设计创作手法，同时结合专业运动服装本身的专业性特征进行对比与表述，提出时装设计风格对于运动服装设计创新所起到的关键性作用。通过对运动服装这一具有专业特殊性的服装设计分析，提出在运动服装设计过程中，不同设计元素之间的排列组合，要以运动和参与运动的人为本，功能至上的原则。现如今的运动服装设计，强调舒适实用，强调美观时尚，也强调科技和创新。各运动品牌的运动服装产品线都力求做到“一超多强”，即在兼顾所有运动服装设计的基本原则之上，力求在其中一点有其过人之处，推出其无可取代的拳头产品，成为其品牌运动服装产品的有效记忆点。

对于现代运动服装的设计创新研究与分析，较之服装设计专业领域内的其他服装设计知识而言，更加强调运动服装的功能性与审美性的统一，且运动服装本身的类别繁多，功能不尽相同，对于服装设计师来说，要求其具备相当的专业知识基础，能够掌握各种运动服装的材质及功能性特征，并能在设计过程中结合当前科学技术在运动服装设计中的应用发展特征，融合运动服装的审美性与实用性于一体，突出现代运动服装的综合设计特征。

编　者

目 录 CONTENTS

第一章　运动服装的造型设计

造型元素，指服装廓型的造型属性。就服装的造型元素而言，一般可以从服装外部轮廓的造型属性和内部结构的造型属性两方面进行分析。例如，服装廓型设计中的A形、Y形；局部设计中的立领、贴袋。通常一件服装的总体印象是由外轮廓决定的，它进入人们视觉的速度和强度高于服装的内部结构元素，是除色彩之外首先呈现在人们视线中的形象，所以服装设计的顺序一般也是先进行外部轮廓设计即整体设计，再进行内部结构设计即局部的细节或细部设计。

从设计学的角度分析，造型是设计之初最基本的形象元素。而廓型是服装造型的根本，是指服装外部造型的剪影，是区别和描述服装的重要特征。运动服装的款式造型设计十分注重与动态人体特点相吻合，以运动的人体体态特征及动态动作特征为立足点。其款式造型要素根据研究的需要从整体廓型要素、内部造型要素和局部细节造型要素三方面进行具体分析。

图1-1　运动女装中常用的X形

一、运动服装的廓型设计

廓型是服装设计三要素当中的第一要素，是服装款式造型过程中极为重要的一部分。它是指服装正面或侧面的外观轮廓，英文中称作“Silhouette”。见表1-1示，服装廓型的表示方法有很多，包括字母表示法、物态表示法、几何表示法等。而现代常用的表示方法即是法国时装大师Dior先生20世纪50年代首推的字母表示法。

表1-1　服装廓型分类

字母分类	A形、V形、H形、O形、Y形、T形、X形、S形
几何分类	椭圆形、圆形、长方形、正方形、三角形、梯形、球形等
物象分类	气球形、钟形、喇叭形、酒瓶形、郁金香形、篷篷形、陀螺形、沙漏形等
专业术语分类	公主线型、直身型、细长型、宽松型

在服装的造型方面，服装廓型给人的印象最深，对服装风格的影响力很大，因此，服装廓型是体现服装风格最主要的因素之一。为了实现服装的商品功能，使设计结果最大程度地被消费者接受，服装的风格就必须与服装的流行趋势保持一致，所以，服装廓型的一条设计原则是应该把握服装的流行趋势。服装的廓型不仅映射着社会、时代的变革，还能反映出穿着者的个性爱好等内容，包含着服装的审美感和时代感，折射出穿着者的品味。

基于运动的特点，运动服装的廓型分为紧身形、H形、Y形以及在运动女装中常用的X形（图1-1）。

图1-2 耐克Pro Combat 产品线产品

紧身型的运动服装，通常采用弹性面料紧附人体表面。这样既能体现运动者人体优美的曲线，又由于面料的弹性性能使有氧运动者的活动伸缩自如，最小的廓型截面又保证了运动的低阻力。根据《古希腊的历史》一书记载，运动起源于古希腊，本质是“力”与“美”的追求。运动体现力量，美则是肌肉线条的美感，正如大卫雕像那样，充满肌肉和力量。远古时代的运动员，希望将身体的力量和肌肉的线条表现出来，可见健美的身型是人类最原始的偏好，也是理想化的男性外型，而肌肉的力量和美态象征着无限的男子气概，也是反映运动精神不可忽视的要素。

运动服装正在向时装的曲线造型趋势发展，时尚修身的造型设计已成为当今运动风格服装设计的总趋势，合体修身的时尚运动风格服装便应运而生。例如1998年在法国举办的足球世界杯上，意大利队的球服就改变了以往球服上衣宽松的款式，而变成了收腰紧身的款式，将运动员的身体曲线做了完美的诠释，当时这款运动球服通过电视直播展现给了全世界球迷，赢得了一致好评。运动服装结合了时装的流行趋势，修身、低腰、低胸、吊带，时装的性感、随性、时尚尽显其中。所以对现在的运动员和运动发烧友、运动爱好者来说，紧身型无疑是个绝佳选择，不仅能在功能上满足运动的需求，而且满足了表现肌肉力量和美的心理需求。专门做紧身运动服装而迅速起家的美国品牌安德玛（Under Armour），在2001—2005年，紧身运动服装的销售快速增长，销售额由最初的2千万美元急速上升至2.8亿美元，5年间有多于10倍的增长率。可见紧身型运动服装的市场需求和潜能巨大，所以近年来耐克也加强了在紧身型运动服装方面的投入，开辟了Nike Pro Combat 产品线，专攻紧身型产品（图1-2）。

时装造型中的A形、H形、Y形、S形、X形也出现在运动服装的设计中，收腰贴体时装中各种省道转移也被巧妙应用到运动服饰装饰分割线中。省道分割颇有讲究，胸到腰之间、腰到臀之间如何分割和转移直接影响到运动服装的造型，运动服装不仅要表现人体的曲线美，还要体现运动风格的结构特色，通过一些分割线使服装富有动感和节奏，更好地体现时尚性和功能性，比如运动场上原本肥肥大大的运动裤也有被短裙及热裤所取代的趋势。很多大品牌都借鉴了立体剪裁的方式，来增加运动时装的视觉效果，分片裁剪衣身、通过分割线的装饰和省道的处理达到塑型效果。利用基本元素，运用分离、重叠、发射等构成方式能较直观地形成运动服装的速度感、现代感。经过包装重组后，运动风格装束不只在运动场上展英姿，同时还成为T台的魅力发光体，而连帽衣、束口裤，这些给人运动印象的服装款式，只要与不同风格巧妙混搭，就会越来越向时尚靠拢。现在运动服装的功能与时尚设计的结合，既符合人体运动需要，又能勾勒出美丽的身体曲线，通过变化丰富的款式造型，运用大胆放松的线条诠释着现代都市人对自然、放松、健康的追求。

1. H形

H形也称矩形、箱形、筒形。造型特点是平肩、不收腰身、筒形下摆。整体服装具有修长、简约、宽松、舒适的特点，是运动风格服装常用外轮廓型。例如，山本耀司的Y-3多采用H形外轮廓，尺寸规格余量较多，保证人体能够拥有较大的随意活动空间，但是又不会显得臃肿、邋遢。现在服装的外型轮廓整体上都朝着合体、修身的方向发展，H形在造型上平肩不收紧腰部，具有简约、宽松、舒适的特点。H形的运动服装由围度较为宽大的款式构成，这样能保证运动时人体不受服装的束缚，拥有较大的随意活动的空间，廓型整体感觉简练随意。H形造型是现代运动风格服装常采用的外轮廓造型（图1-3~图1-5）。

图1-3　H形的2013秋冬“探路者”冲锋衣

图1–4　H形的Arc'teryx 夹克

图1–5　H形的“探路者”男式速干衬衫

通过研究发现，自运动服装兴起以来，国内国外运动服装的廓型变化并不明显，这是由运动的特殊性决定的。众所周知，H形服装的造型特点是平肩、不收腰、筒形下摆，因而具有简约、宽松、舒适的特点，特别适合运用于运动服、休闲装、家居服等设计中。人体在运动时需要伸展躯体，而无论腰部收紧的A形、X形设计抑或宽肩下摆内收的T形设计都会让服装成为人体运动时的牵绊，不利于运动的进行。但运动服装经过长时间的发展也由原来的完全宽松的版型变化到今天的版型，通过立体剪裁等手段令其廓型更加贴合人体特征（图1–6）。

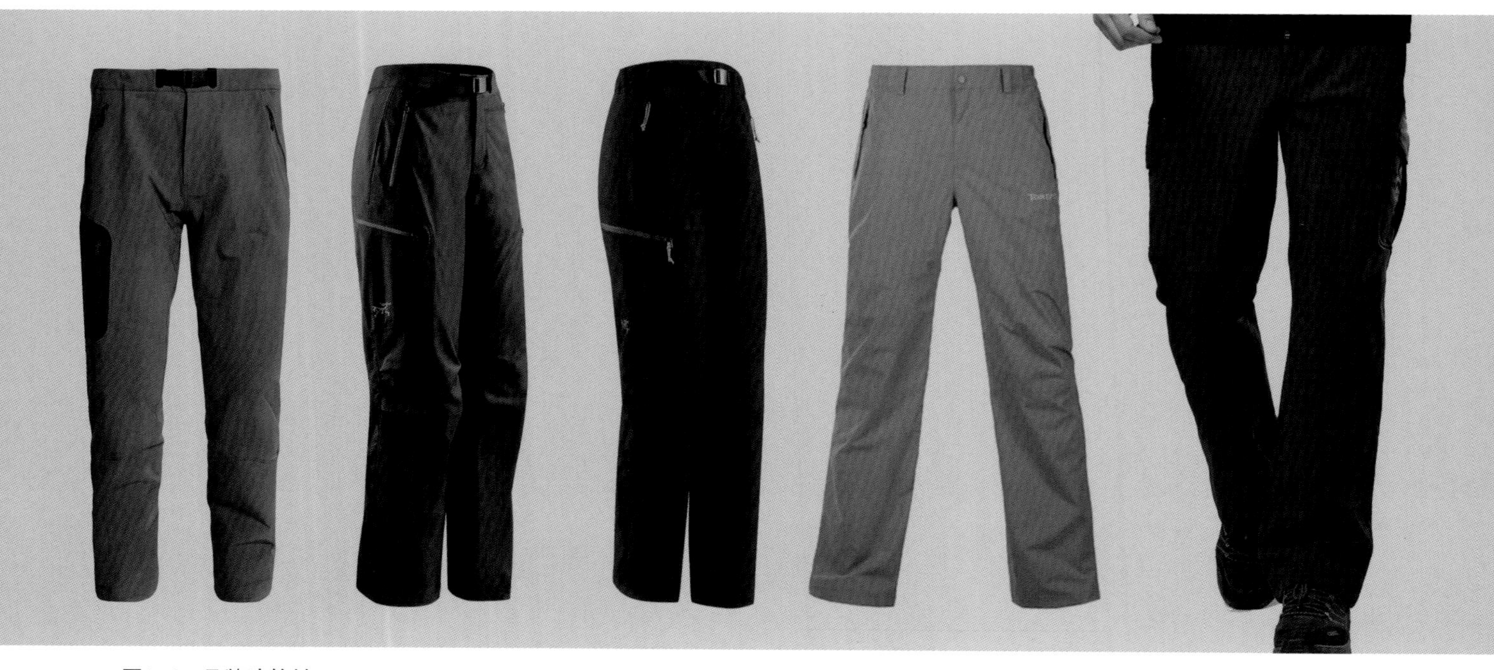

图1–6 品牌冲锋裤

2.O形

O形外轮廓的特点是线条松弛，不收腰，整个外形比较圆润、饱满，给人一种随意、休闲、可爱的特点，是运动外套、套头衫、休闲裤常采用的外轮廓造型。G–Star设计的一款弯刀裤便是以这种造型为雏形（图1–7），采用3D立体剪裁，使得两条裤腿在自然下垂状态时会向内侧弯，很像弯刀，穿上之后内侧笔直合体，外侧则会有很多褶皱，便于运动。设计这种造型时，多在领口、下摆、袖口、裤脚口等处进行收口设计，配合插肩袖，使

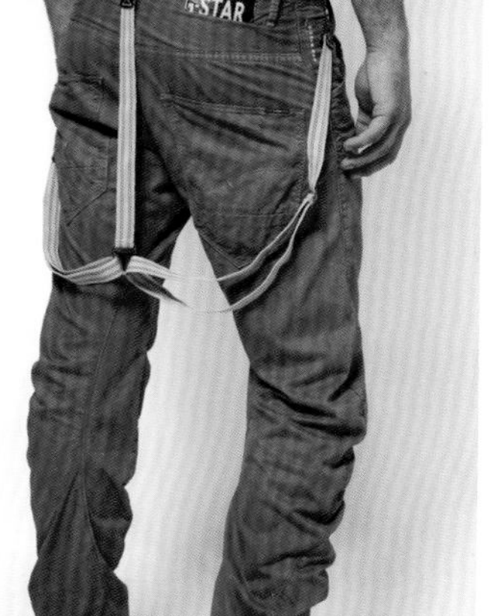

图1–7 G–Star弯刀裤

整体服装的外轮廓成O形。这种造型的服装多从功能性出发，落脚点还是美观，松弛有度，不仅防风保暖，还便于肢体的灵活运动，是运动休闲类服装常采用的外轮廓造型。图1–8是2015年秋冬阿迪达斯公司开发的子品牌中呈O廓型的运动上装设计。

图1–8　阿迪达斯公司子品版Adidas By Stelle McCartney系列2015年秋冬运动上装

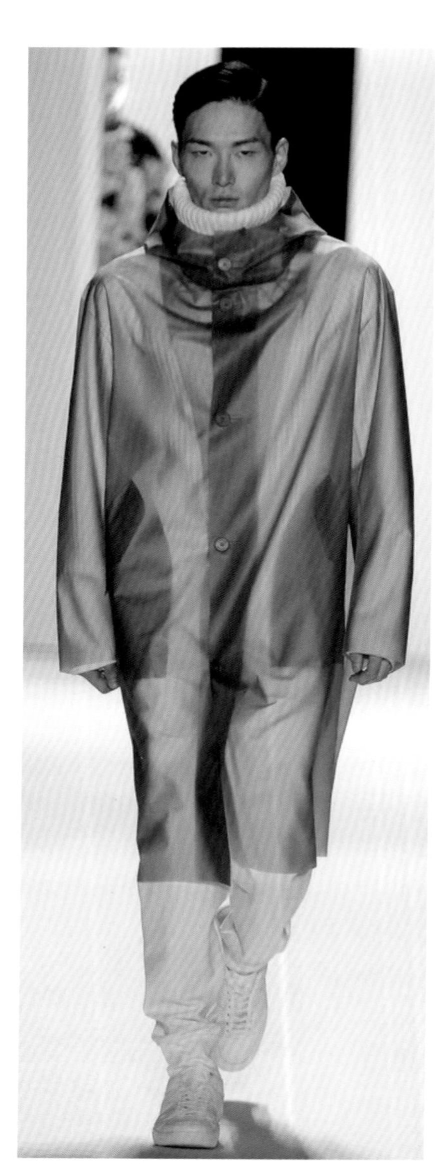  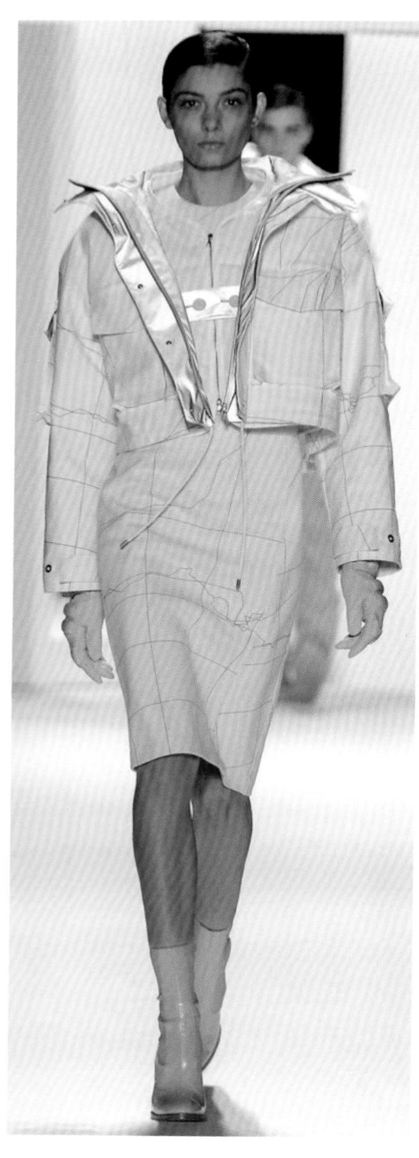

图1-9　Lacoster2013年秋冬作品

3. T形

T形也是运动风格服装采用的外轮廓造型之一。比如男性连身型赛车服、击剑服，由于男性较为立体、挺括的肩部线条和下身紧收的裤腿，呈现出清晰、明朗的小T形外轮廓线条。但是由于T形外轮廓造型多用于男装设计，和男子的体型特征也有着密切的联系，所以T形外轮廓造型在运动风格女装中运用较少，但每一季的时装周上都会出现。如法国服装品牌Lacoster向来以运动休闲为其代表性风格，在2013年秋冬的成衣发布中，设计师将运动风格结合了当年流行的20世纪80年代女强人风格廓型及局部造型设计，体现出了不同的时尚运动特征（图1-9）。

4. X形

人体本身最接近于X形，所以这个造型最显人体曲线。在运动服装设计中，凡是需要速度、力量、爆发力的运动项目，为了保证运动中的低阻力，减少运动员运动过程中的干扰，服装多采用紧身形设计，如自行车服、田径服、泳装等，因此，X形外轮廓是现代运动风格服装典型的体现运动风格特征的外轮廓造型之一。与专业运动服装不同的是在面料及工艺上会有更多的选择，随着人们运动健身的意识日益强烈，这种具有紧身型外轮廓的运动风格服装，符合当今人们对于人体美的审美意识标准，可以完美地表现出人体的曲线美。如图1-10所示澳大利亚知名的运动泳装品牌Speedo（速比涛）的专业泳装设计、图1-11中Nike所开发的瑜伽系列服装产品都是X廓型。

图1-10 Speedo专业泳装

图1-11 Nike的女子瑜伽系列产品

二、运动服装的结构线设计

1. 服装结构线类型

结构线又称分割线、开刀线。它的重要功能是从服装造型的需要出发将服装分割成几个部分，然后再缝合成衣服。结构线的设计与应用在服装的造型设计中非常重要，尤其是对服装功能性要求高的运动类服装，结构线是表现运动特征很重要的形式。结构线在非竞技体育运动服装的设计中主要通过：垂直分割、水平分割、斜线分割、曲线分割、弧线分割、弧线的变化分割和不对称分割等6种形式来满足人们对功能性和审美性的需求。运动元素时尚化设计的现代服装中最常用到的分割方法有垂直分割、水平分割、斜线分割、曲线分割这4种。在运动服装设计中，结构线同时有着功能性和装饰性的作用，不同的结构线在运动服装设计中可以达到不同的设计效果（图1–12）。

（1）垂直结构线

体育运动服装中服装的垂直结构线具有强调视觉高度的作用。可根据视错觉的原理来分析，结构线分割出来的面积越窄，看起来就会显得越长；反之结构线处的面积越宽，看起来就会显得越短。垂直的结构线线条流畅，把服装分割成面积较窄的几部分，给人一种挺拔的感觉，正因为如此，垂直结构线设计常常会被运用到广受大众喜爱的非竞技体育运动服装设计中。特别是女性运动服装，垂直分割线在突出女性高挑、修长身材的同时也为整体造型带来视觉上的动感，具有流畅感，进而也增加了运动服装作为平时便装的穿搭性。如图1–13所示垂直结构线的运动服装，修饰了运动服装的款式，增加了运动服装的时尚趣味，优化了运动服装的穿着效果。

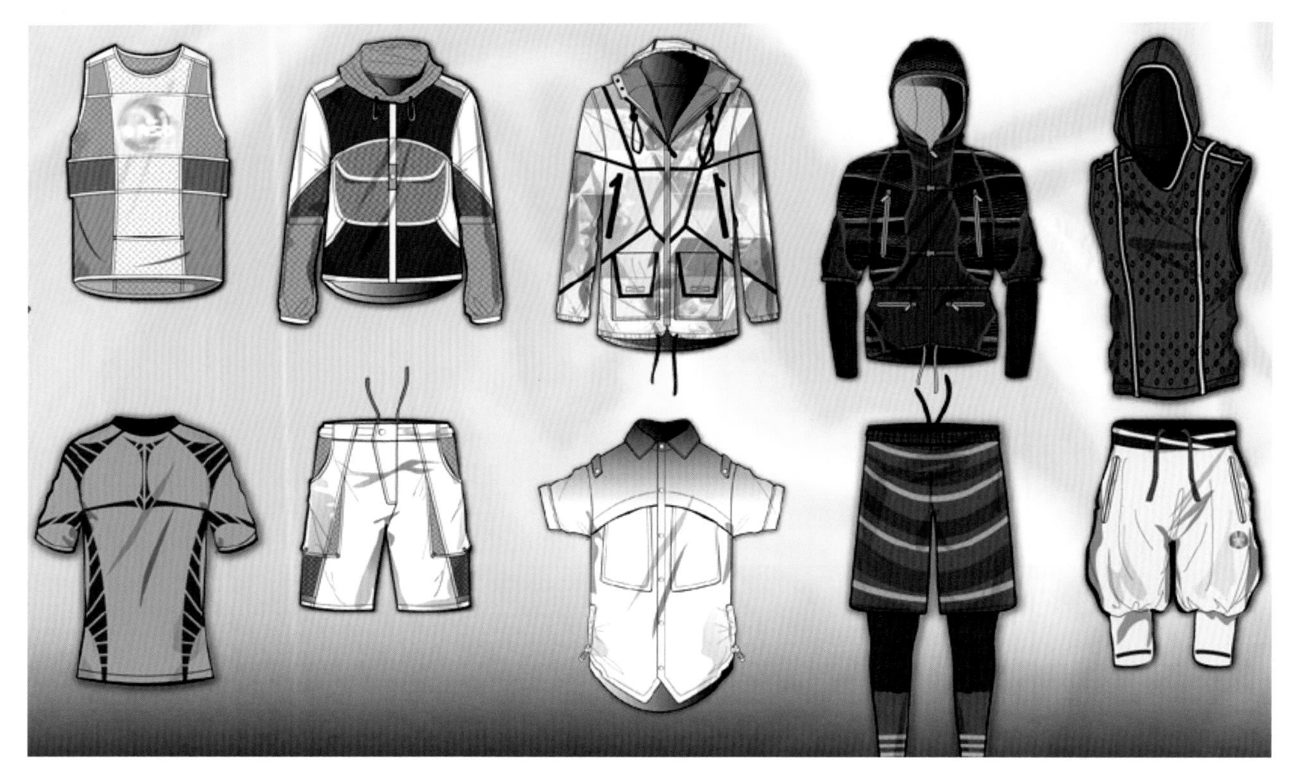

图1–12　不同结构线在运动服装设计中达到的不同设计效果

图1-13　运动服装中的垂直结构线

图1-14　运动服装中的水平结构线

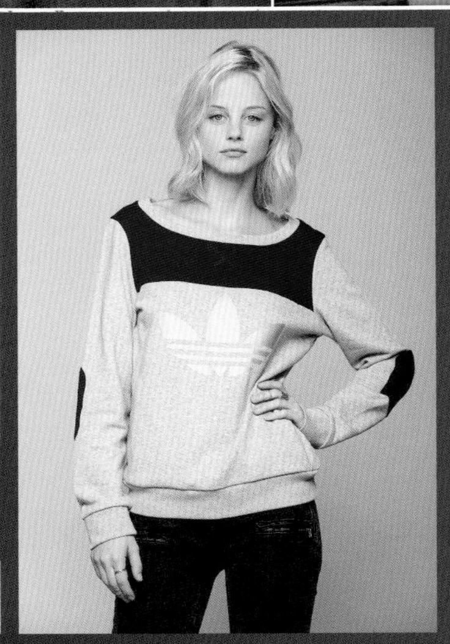

（2）水平结构线

运动服装中水平结构线的设计与垂直结构线的设计正好相反，它们横向地把服装分割成较窄的几个部分，横向的分割次数越多，结构线越密，就会增加线条的流动感。在运动服装时尚化设计中为了提高此类服装的运动风格特征，经常会使用这样的结构线设计，这种类型的结构线在运动服装的设计中主要起装饰作用，通常以滚边设计、镶边设计、缉明线、色块拼接等多种工艺手法来表现运动服装的外观设计。如图1-14所示，在运动服装的设计上采取了水平结构分割设计。有的运动服装在水平结构线上结合了色彩、面料及补丁的设计，使服装整体感觉更为丰富、时尚。

（3）倾斜结构线

倾斜结构线在所有的结构线中是最具有活跃、轻快、律动感觉的分割线，对于运动服装来说，这样的结构线设计非常有利于展现运动服装的动感。倾斜结构线倾斜程度的不同所带来的视觉动感效果也是不一样的，从视觉上来看，越接近垂直结构线的倾斜结构线越能够展现服装的动感。而且这种角度的结构线和垂直结构线相比较，其延伸性和速度感更加强烈，在体育运动服装时尚化设计过程中，这样的倾斜结构线多用于装饰功能，装饰在上衣的前后衣片和裤子的侧缝处。这种时尚化的设计打破了大多数由垂直、平直线条构筑而显得生硬的服装外观，增加了运动服装时尚化气息，同时也增加了服装的运动感、节奏感、装饰感和形体感。如图1–15、图1–16中这样的倾斜结构线设计可以很大程度地提高体育运动服装的美感，增强其时尚感。

图1–16　骑行服和冲锋衣上的倾斜结构线设计

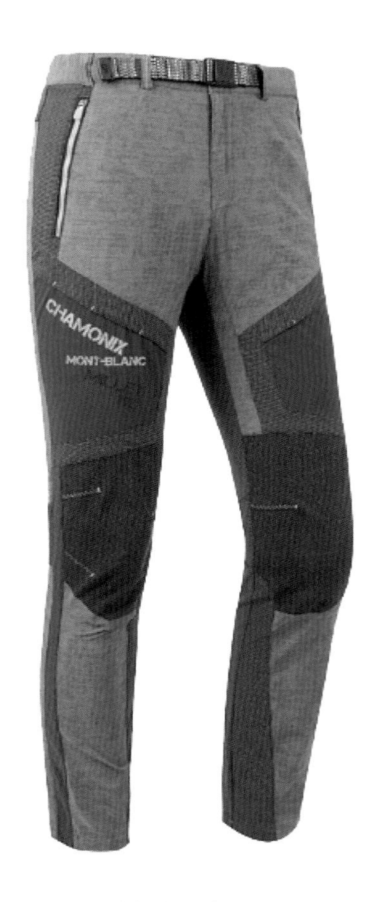

图1–15　户外运动裤上的倾斜结构线设计

（4）弧形结构线

弧形结构线和垂直结构线、水平结构线的设计方法、原理有很多类似之处，就是在垂直、水平等结构线设计的连接胸省、腰省、臀围省道处的时候，以优美的弧线代替短而间断的省道线，线条比较柔和，增加了运动服装的装饰性。尤其是在运动服装朝着时尚化趋势发展的今天，这类设计使得运动服装的款式多变且有更多的外观特征。弧形结构线的时尚化设计，较多的是把不同的色彩、材质的面料通过曲线的方式分割开来；另外在结构线处还可以用装饰线的形式出现，在考虑到省道分割作用的同时借鉴其外观形式用不同的色彩以装饰线的样式在服装中表现出来，这样的装饰起到了一种活泼生动且积极向上的装饰性效果，改善了运动服装单调的外观样式。如图1–17所示运动服装在公主线、肩线、底边和侧缝线处的曲线设计，使得运动服装的款式更为新颖、独特且有创意。

图1–17　运动服装上的弧形结构线设计

2. 运动服装结构线的时尚化设计

现代运动越来越朝着时尚化的方向发展，运动也已经成为人们时尚化生活方式中不可缺少的部分，人们在享受运动的同时，穿着结合时尚流行元素设计的运动服装展示自己的优美身姿已经越来越被人们认可和关注。

在运动服装的设计中，应将当季流行的时尚色彩用装饰条的形式巧妙地结合结构线的设计，这样的设计不仅强调了服装的结构，更多的是将服装的装饰性与结构线相结合，使运动服装更加富有节奏感和运动感，并能够更好地体现运动服装的时尚性和功能性，人们在运动中也能够更好地展示人体的性感和美感。如图1–18、图1–19中阿迪达斯、耐克的休闲户外运动服装的设计，在结构分割线处镶上撞色的边条，这样的设计丰富了运动服装的款式，且前卫、时尚。

运动服装的功能与时尚设计相结合，既满足了人体运动的需求，又能勾勒出运动者优美的身体曲线。运动服装正通过结构线设计来实现款式的时尚化，满足当代人对自然、美丽和健康生活的追求。

3. 时尚化设计中结构线与款式要素结合

自由、无束缚感是运动服装结构设计的标准，因而运动服装的款式设计十分注重与人体构造特点相吻合。时装设计中，有时为寻求形式上的轮廓和造型设计的美观而忽视了人体的运动需要。但是运动服装的款式和结构的设计与变化是以运动的人体为依据的，因而服装的结构应满足运动需要。和以人静止为标准而设计的服装相比，运动服装的轮廓、结构和款式更加立体化，为人体运动保留的空间更大。如图1–20所示的运动文胸

图1–18　阿迪达斯运动服装在结构线处的装饰设计

图1–19　耐克运动服装在结构线处的装饰设计

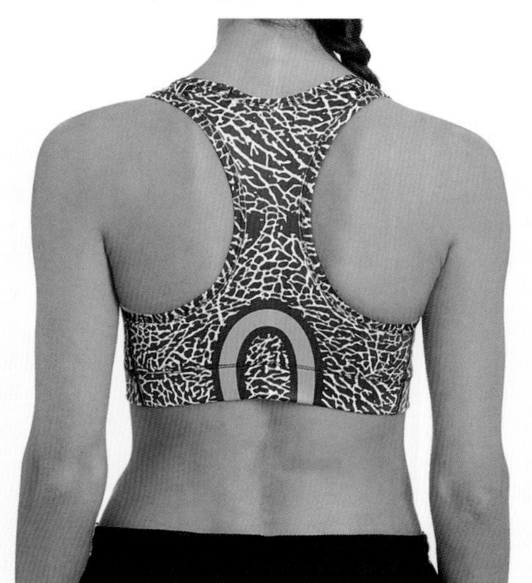

图1-20　运动文胸设计

设计，在结构上完全符合人体构造及运动特征。

运动服装的款式和版型设计与运动的特点密不可分。室内的健美操，其运动姿态要求服装面料具备弹性，能清晰地勾勒出体型，以此来帮助运动者辨别运动的姿态是否正确（图1–21）。户外的滑雪，由于运动环境的要求，服装要防风雪，保暖性强，版型还要符合滑雪运动的姿态并保证运动的自如。在进行运动服装的款式和版型设计时，要把握人体的运动特征，对前弯、伸展、蹲式时手臂和腿部的运动特点，以及手臂伸展量、腰部扭转量、膝盖的弯曲量等身体的活动量信息进行分析，将基础的运动服装版型根据运动服装的特点进行调整。

（1）人体动态对服装结构线的需求

对于体育服装来说，由于体育运动种类不同，人体各部位运动的剧烈程度、活动范围不同，对服装各部位的伸缩要求也不一样，因此需要通过结构设计来满足不同运动项目对服装的要求。

例如，英国的功能性运动服装在基础版上就能够看

图1-21　室内健美操服

到针对运动人体的版型变化，如图1-22所示，在这件男运动服装的基础版中，在袖子的腋下部位34点和35点增加了为满足手臂上举所需的量，即通过调节结构线的位置来调节这一动作所需的松量，以此改变版型。图1-22中，当袖片与衣身重合后，34点和35点在与21a点和21b点之间的差就是这个运动版型的手臂上举的活动量。

在这个基础版型的袖子版型上，根据手臂肘部的弯曲特点将常规的垂直的衣袖在肘部进行变化，减去了前袖弯曲时多余的量，改变了结构线的位置，在肘后部增加了所需的活动量，袖口结构线的位置也随之进行了改变（图1-23）。

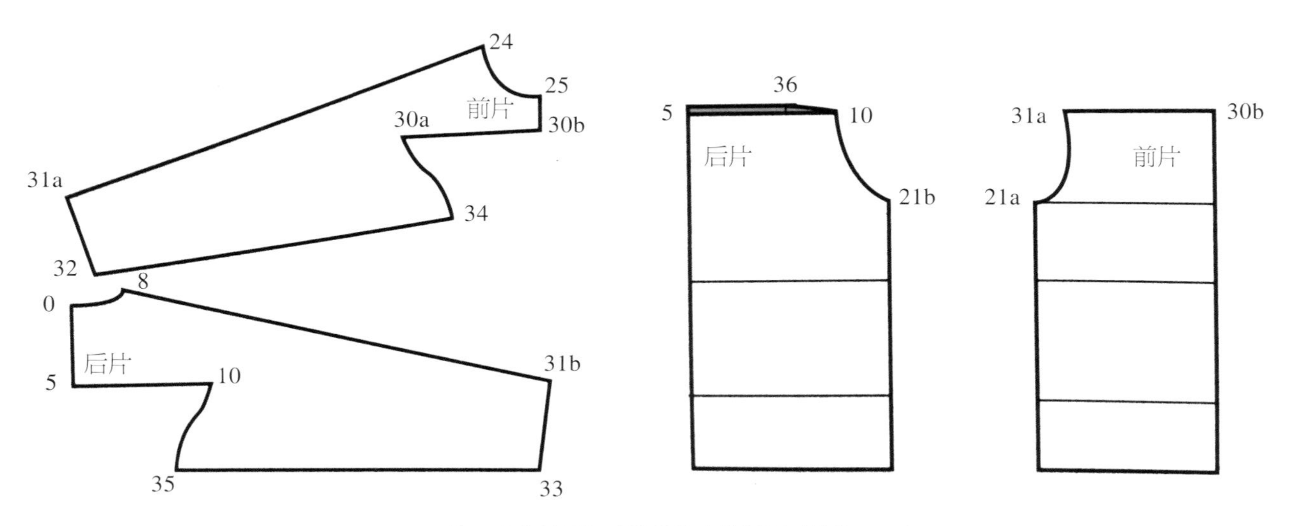

图1-22　英国功能性男运动服装的衣片版型（单位：cm）

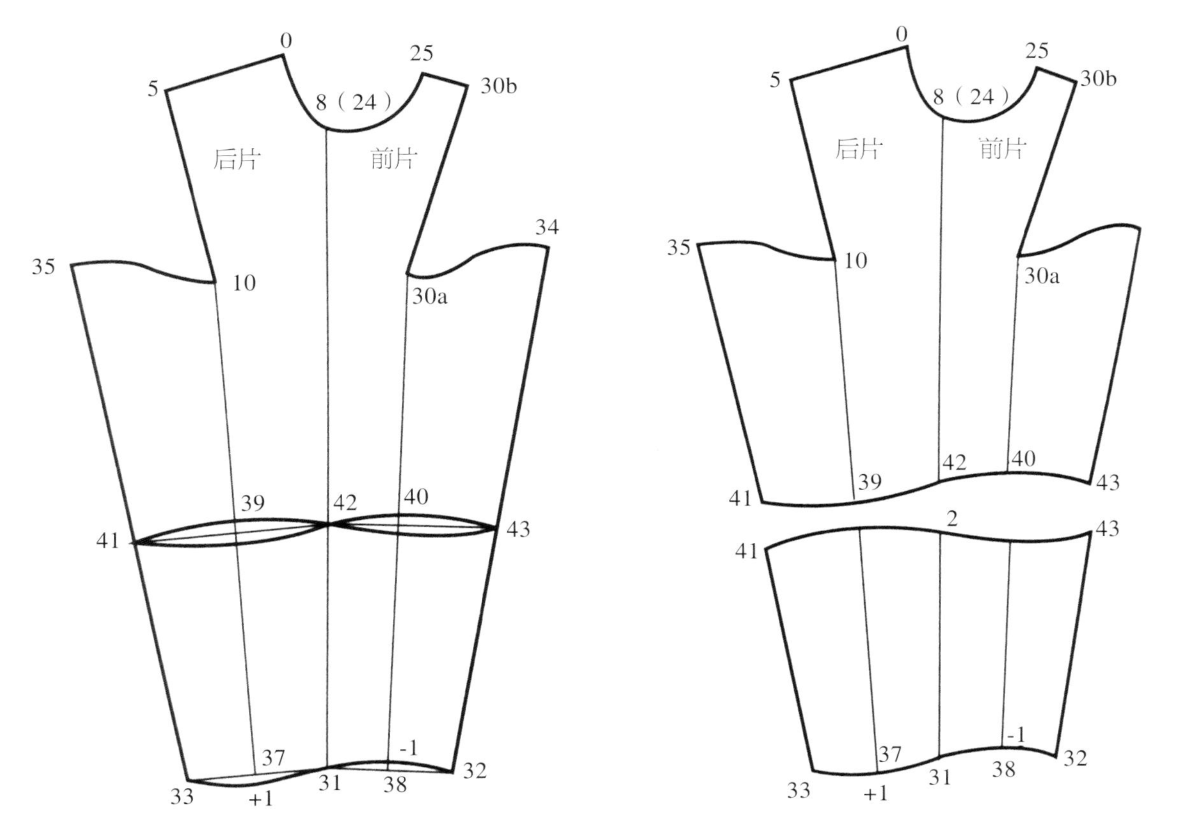

图1-23　英国功能性男运动服装的袖子版型（单位：cm）

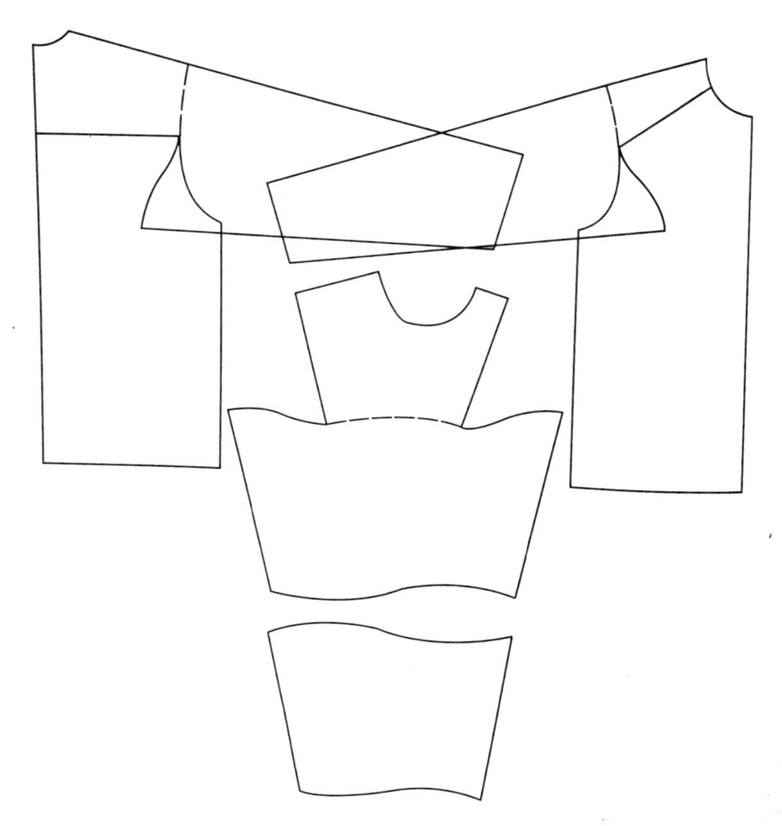

图1-24　男运动服装夹克基础版

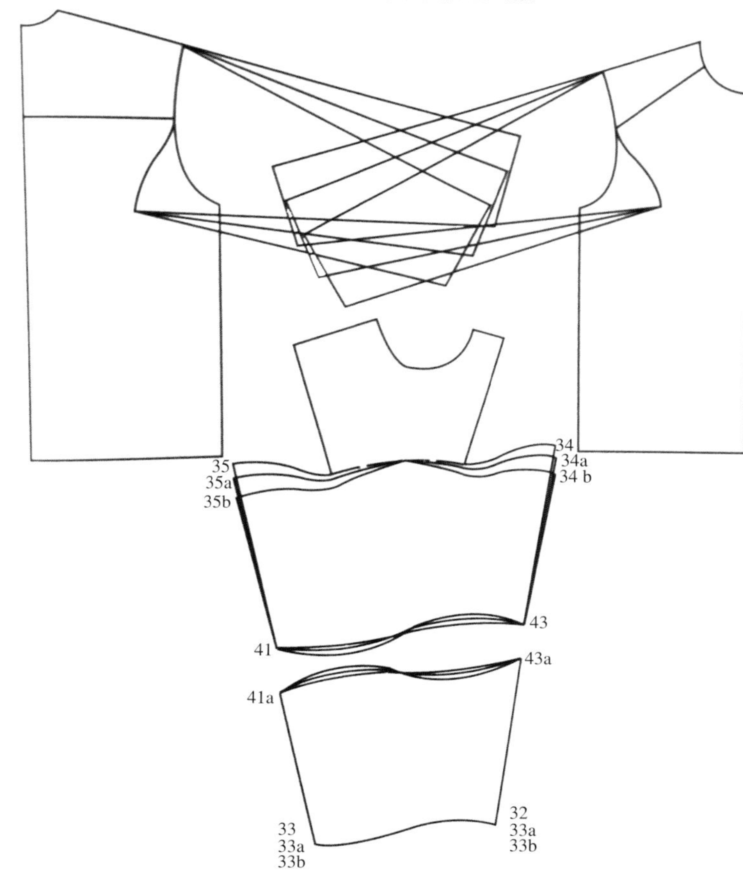

图1-25　男运动服装夹克修正版实例

如图1-24所示为英国运动服装夹克基础版型的展开图，它主要是以手臂的上举和肘部的前弯运动为依据对常规的服装版型进行了调整。因为人体是由自由复杂的曲面形成的，服装特别是运动服装也应该具有这样的特点。面料的弹性从一方面能够帮助服装达到这样的要求，但是服装的结构设计是解决这一类问题的主要手段。因此运动服装中结构线的设计关系到运动服装的牢固程度、弹性、整体完成效果、运动服装结构线设计，这些正是设计师构思运动服装时所需要增加的人性化功能。

在图1-25中，可以看到根据运动时手臂运动幅度的大小，这些修正的部位是可以进行增减的。

因为运动特点的不同，手臂的动作也各有不同。例如，登山、攀岩时手臂垂直上举的动作很频繁，就需要加大袖子腋下的活动量。在滑雪运动时，手臂平举和肘部弯曲的动作较多，就要注意袖子的肘外侧增加弯曲的活动量，在肘内侧减少多余的量，形成袖子内外弯曲的形状（图1-26）。

图1-26　滑雪服的袖子内外弯曲

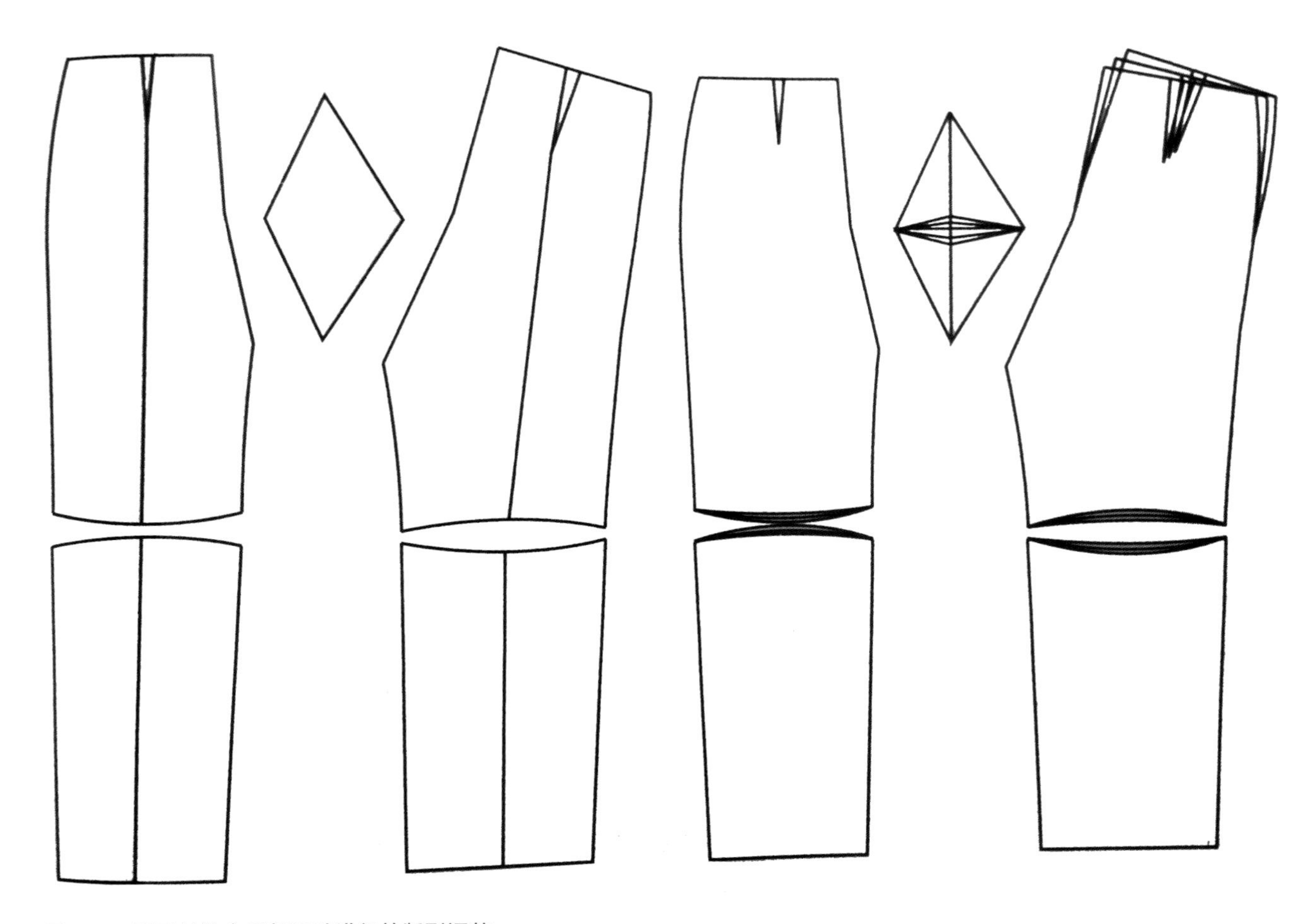

图1-27　运动裤结合腿部运动进行的版型调整

（2）服装舒适度对结构线的需求

运动服装的风格和款式都会直接影响到穿着者的心理感受，巧妙的结构线设计有助于完善体育运动服装的舒适度。集时尚、功能于一体是运动服装时尚化设计的最核心任务，在运动服装设计中，很多结构线都需要具备这样的特点，结构线可以在保证服装的舒适性作用的前提下来影响一件运动服装的美感。

图1-27为运动裤结合腿部运动而进行的版型调整，根据腿部运动幅度的大小进行尺寸增减变化。和人体上身运动姿态的特点一样，臀部、腿部的运动特点和运动幅度各有不同，如滑雪运动服装的版型需要在前膝部增加弯曲量，对应在膝后部要减去多余量。跨越动作的运动服设计，裤子的裆部就要增加活动量使腿部在跨越时没有束缚。

在这个基础的运动裤版型的图例中，能够看到运动服装的版型是以动态的人体为依据而进行设计的，它和静态人体的服装版型有很大的差异。如果以静态人体的版型为依据，将服装的宽松度加大可以增加服装运动的自如度，但也带来了由于肥大不合体而产生的其他问题。因此，在版型的设计中，以人体动态为依据进行设计才能实现既运动自如又合体美观的双重效果。

在设计中，当基本版型根据运动特点进行调整后，在运动服装的款式设计上结构线的设计就更加清晰，在以动态人体为依据的基本结构上，都能够直观地进行轮廓、款式结构线的分割变化。同时搭配色彩的设计以及符合款式细节的设计，以满足运动特点和需求为原则，对于运动服装的款式、机构、细节进行分析和判断，探索出最合适的设计方案。图1–28是滑雪裤的结构设计。

4. 时尚化设计中结构线与面料要素结合

近年来，由于人们对健康生活的不断追求，运动成为时尚，运动服装的市场也日渐庞大。传统的运动服装无论从结构工艺上还是面料的选择上，都无法满足人们的需求。随着科技的发展，人们对运动服装的要求越来越高，穿着时不仅要求具有良好的运动舒适性功能，人体各部位能运动自由，还要求有较好的延伸性和弹性，同时对人体具有良好的保护作用；对面料要求具有良好的导湿快干性，体现在人体在剧烈运动和大量出汗的情况下，所产生的汗液能迅速从皮肤表层导出并快速蒸发，以保持皮肤的干爽；如果是户外运动，现代运动服装还要求面料具有防紫外线功能，面料在色彩、图案上要求突出个性及时尚特点。

当今现代运动项目不断增加，多样性的运动项目也导致了运动服装的多样性，不同的运动项目要求不同，所需服装的功能性也不一样。现代运动服装的款式、结构设计应根据运动项目的不同功能性要求进行专业化的设计。例如，登山是运动员从低海拔地形向高海拔山峰进行攀登的一项体育活动，登山服装为了便于运动员攀登，在设计、选材、用料、制作上要尽量使其轻便、坚固、并且多功能。登山服装的设计应易于肢体伸展，方便活动，易于穿脱，肩膀、手臂、膝盖不受太大压力。内层服装设计应注重贴身、舒适、保暖，外层服装应具备表面光滑、防风沙、防水、防紫外线等功能。细节设计的功能性要求：袖口和腰部束紧；口袋多而大，并需有袋盖、钮扣、拉链，使口袋内的东西不容易掉出；为了防止在恶劣环境下风雪从下摆处灌进衣服里，衣服的下摆或腰部要加防风裙或抽绳；衣服腋下有透气拉链，图1–29为登山运动服的款式结构设计图。

5. 运动服装结构线与色彩要素结合

将运动服装的结构线与色彩概念相结合增加了设计感。各种不同设计方式结合了色彩与结构线。

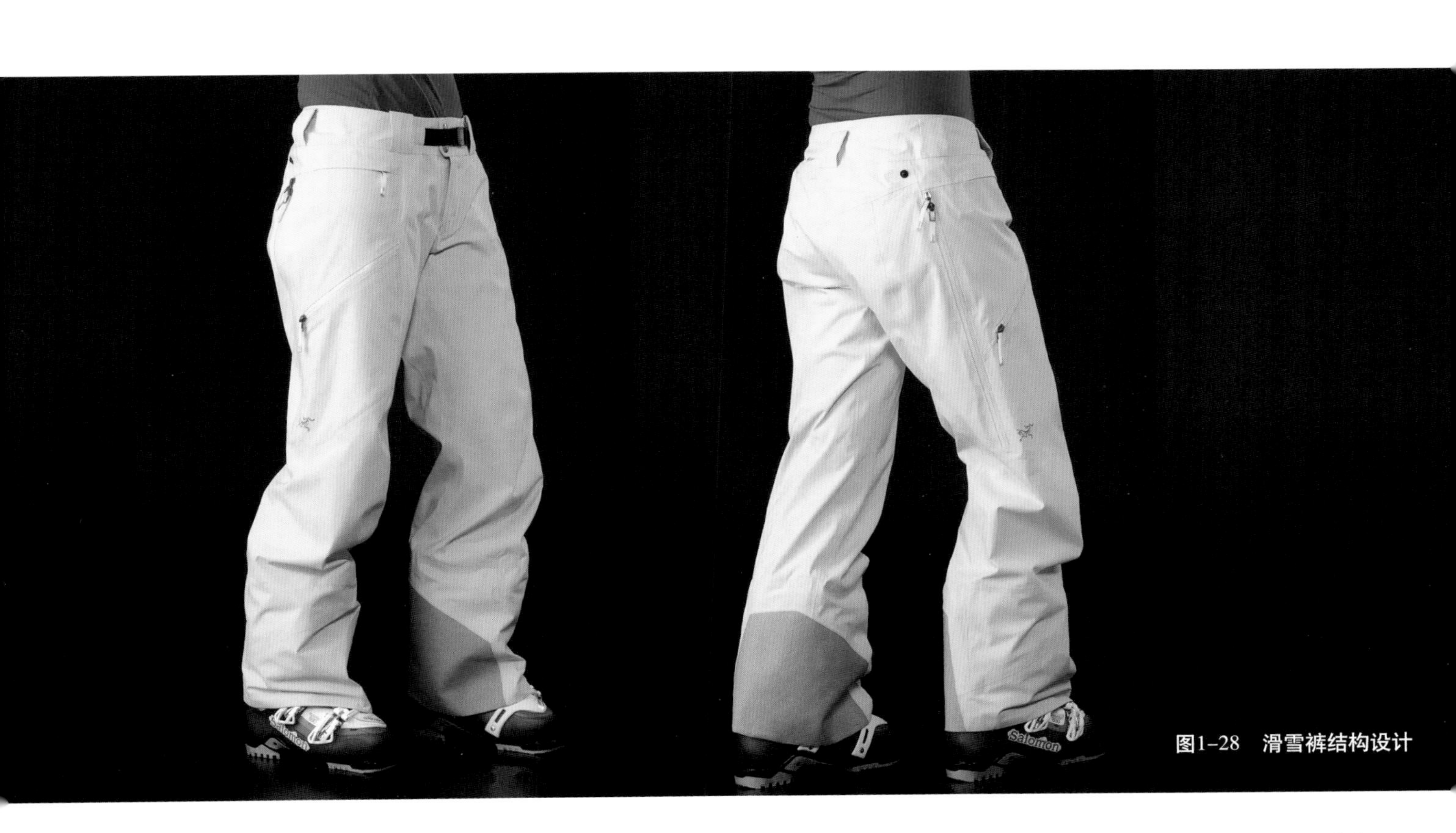

图1–28 滑雪裤结构设计

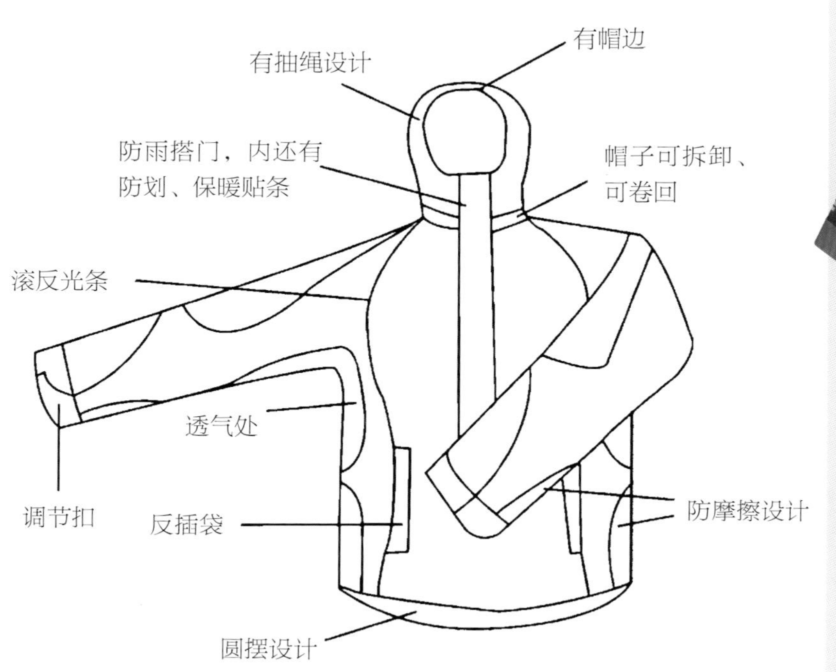

图1-29　登山运动服装的款式结构设计图

图1-30　在结构线处拼接黑色

图1-31　以结构线为基准拼色

图1-32　特殊结构线处用荧光色装饰

（1）结构线上加色

如图1-30所示这款运动服装在结构线处拼接黑色，使得这款服装在线条上有动感，同时又显沉稳。

（2）依结构线拼色

以结构线为基准的拼色设计是运动服装中常用的设计手法，如图1-31所示。

（3）特殊结构线装饰

在特殊结构线处用不同的色彩和特殊色彩的材质装饰，既有功能性也起到一定的装饰性。在口袋、后领织带、袖口织带等细节结构线部位的亮色装饰条或图案织带设计，在起到丰富款式设计作用的同时，也增加了运动服装醒目的功能性效果（图1-32）。

6. 运动服装结构线与运动机能性相结合

运动服必须适合人们在运动中穿。在应用弹性材料以保持其更加合体美观的同时依然要注意其结构的合理性，而设计出合理的服装结构就可以更好地解决此问题。比如针织服装的加放量应根据面料弹性大小和服装的贴体程度来确定。合身针织服装，弹性较好的面料没必要设生理加放量和形态加放量，弹性一般的面料仅设生理加放量即可，弹性较差的面料应设生理加放量和部分形态加放量。高弹面料的紧身衣加放量可为负值，集圈、双反面等组织的面料横向延伸性较大，这类面料服装的加放量应适当减小。对于人体特殊部位的结构设计，为了符合人体或符合造型，不妨在对应人体曲面交界线处多做曲线形态分割，如袖身的前偏袖线，衣身的前后腋点下方部位，裤前、后裆部位等。如果再留有合适的松量，设计的运动服无疑是合体而舒适的。

运动服装的机能性与服装的结构线是息息相关的，只有结合这两方面的知识才能使得运动服装的设计理论逐渐成熟，运动服装的结构与面料科技相结合，可以更能够保护人体，使人们在运动中更加舒畅。

三、运动服装的局部与细节造型设计

服装中的局部与细节设计同样是设计表达极为重要的部分，它通过具体的领、袖、口袋、褶、门襟、拉链等局部的造型表现，为设计的款式注入更多精彩的看点，来满足人们在衣着上的功能需求和审美需求。在服装外轮廓设计确定的情况下，选用不同的内部结构设计元素，可以使服装的风格特征更加明确。

1. 领子的设计

领子靠近面部，是全身首先吸引人注意的服饰部位，为整体装扮起着点睛的作用。领子主要分为3种类型，即翻领、立领、坦领。

运动服装领子的设计以简洁为主，注重功能性，常用领型分为无领、立领、翻领和连帽领。衣领的围度合体或宽松，不应在有氧运动时阻碍或束缚脖子，这个需求可以配合辅料拉链、弹力绳、尼龙搭扣实现可调节，在运动时为人体舒适性服务。表1-2是用于运动服装设计中的几款常见领型，每一款领型皆可根据具体的需要被设计为其他的几种变化形态。

表1-2　运动服装常用领型

名称	图例	特征	变化形态	常用款式
无领		直接以领围线造型作为领型	圆形领、方形领 V形领、船形领 一字领	运动胸衣 运动背心 运动短袖
立领		竖立在脖子周围的一种领型	开口式 闭合式	运动长袖 运动外套
翻领		领面外翻的一种领型	加领座式 不加领座式	运动外套 防风衣
连帽领		翻领的一种与帽子相连的领型	可拆装式 不可拆装式	运动外套 运动卫衣 防风衣

众所周知，多功能设计是如今时尚界的趋势。在已有的领型上做变化设计以满足消费者愈来愈多变的需求是未来服装发展的重要方向，如图1-33为国内户外运动品牌骆驼2013年春季的女款冲锋衣，该产品的领型设计采取了多种设计方式结合的手法，即消费者可以根据个人喜好决定领型变化，可以翻领，也可以立领，同时采用隐藏式防风帽设计，帽子由拉链自由结合，能够隐藏或者展开，从而满足了消费者的不同需求。

图1-33　骆驼牌户外2013春季女款单层冲锋衣

（1）无领

由于运动风格对于简洁的需要，无领是运动服装中最常用的领型，主要有圆形领和V形领（图1-34）。圆形领符合一般审美，自然吻合人体颈部，既舒适又穿脱方便。V形领不仅穿脱方便，还可以美化颈部线条，使脖子显得更细长。深圆形领和深V形领是现代运动风格服装最常用的两种领型，不仅简洁、时尚，还可以增添运动的性感度。

V形领

大V形领

大圆领

深圆领

小圆领

一字领

图1-34　无领的不同形态

翻领

连帽翻领

西装翻领

小翻领

宽翻领

立翻领

（2）翻领

翻领包括带领座翻领和不带领座翻领两种形式。带领座翻领的服装常见于西装或大衣，较于正式，运动风格翻领多为不带领座的翻领（图1–35）。运动风格的翻领主要来自于以下4种运动服装的翻领形式：一是Polo衫的翻领，领型较规整，小方角领；二是前中拉链连接对门襟自然翻领，拉链闭合可直立领子做立领，拉链打开领子自然翻折成翻领；三是翻领与帽子相连，形成连帽衫，是运动服装最经典领型之一；最后一种是V形领套头衫上接半弧翻领，翻领不完全绕领弧一周。

小方角翻领

休闲翻领

图1–35　翻领的不同形态

（3）立领

立领也是运动服装的典型领子造型之一（图1–36）。也可用于男装女装表现其坚韧，挺拔的感觉。无论是比较贴合人体的立领还是紧紧围绕脖子的小立领，抑或既有装饰性又有功能性的罗纹立领，都是运动风格常采用的体现其特征的领型设计。

堆砌立领

翻立领

立领

翻立领

小圆立领

圆角立领

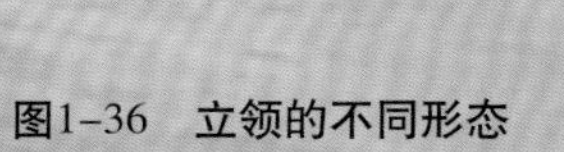

图1–36　立领的不同形态

2. 袖子的设计

袖子设计主要可以分为袖山设计、袖身设计和袖口设计3部分。袖山设计主要包括装袖、无袖、插肩袖等。袖身设计主要包括紧身袖、合体袖、宽松袖。袖口设计主要包括合体袖口、收紧袖口和开放式袖口。

在运动中为了给肩部和手臂提供较多的活动空间，袖型流畅修长、宽松舒适的插肩袖是使用最为广泛的袖型。插肩袖是指袖子的袖山延伸到领围线或肩线的袖型。一般把延长至领围线的插肩袖叫做全插肩袖，把延长至肩线的插肩袖叫做半插肩袖。插肩袖与衣身的拼接线是变化设计的关键部位，可采用直线、折线、S线以及波浪线等。也可以使用不同的工艺手法产生变化，如抽褶、褶裥、包边、省道等多种工艺手法。不同的插肩袖和不同的工艺组合产生不同的设计效果，如曲线、褶裥、全插肩的设计，显得柔和优美；而直线、明缉线、半插肩的设计，则显得刚强利落。在有氧运动服装的设计中需要根据运动种类不同以及男女装的差异灵活变化使用（图1–37）。

在运动中，很多动作都是人体的极限运动，此时手臂则是人体运动时活动幅度较大的部位。例如在登山运动中，手臂向前、向外侧举的最大范围都是180°，因此对舒适性结构设计的要求更为严格。同时户外运动服还涉及复杂多变的野外环境，所以在设计衣袖时，要充分考虑加放量是否能满足极限运动的要求，同时还要满足人在正常行走时，不会因服装腋下有太多的余量而感到累赘和影响美观。如图1–38所示的冲锋衣腋下隐藏拉链设计，内附网布，可实现迅速的透气排汗，保持身体干爽，满足户外高强度、长时间的运动需要，尤其适用于男士户外冲锋衣袖的设计。

图1–37　插肩袖运动服装

图1–38　男式冲锋衣

经研究发现，目前市场上多数户外运动服袖子均采用立体剪裁式设计，尤其在袖口上颇为用心，多采用魔术贴或松紧带式设计，可自由调节袖口松紧度，有效实现防风防寒。魔术贴的样式也可以有所变化，从而成为设计的一大亮点（图1–39）。另外环形袖的运用在户外运动服中也屡见不鲜，传统用于服装内层和跑步T恤的环形袖能使穿着者在活动中保持衣袖整洁，并保护手部不受风吹。Salomon品牌的水平环形袖配以品牌镶边（图1–40），整体设计非常符合人体运动工学，同时在细节处透露出时尚感及品牌精神。

图1–39 冲锋衣的袖口设计

图1–40 Salomon品牌的水平环形袖

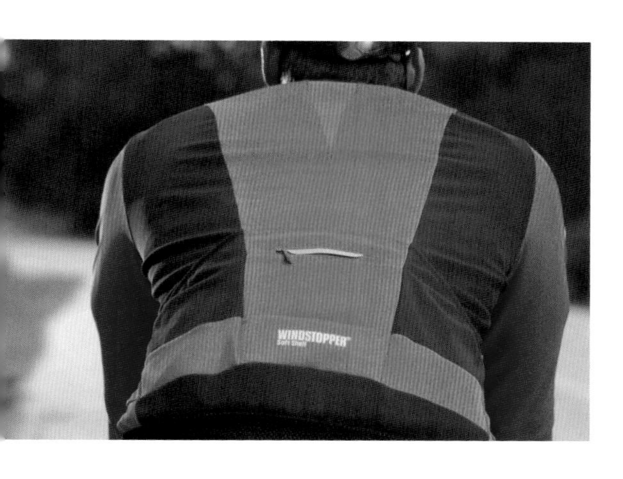

图1-41 非竞技自行车运动上衣口袋设计

图1-42 运动服装的贴袋

3. 口袋的设计

由于运动项目繁多，每一种运动项目的运动特征及运动环境的不同都会直接影响到运动服装细节的设计，包括口袋这一局部的设计。如竞技类运动服装尤其是紧身形运动服装设计，需要较少使用口袋的设计，或口袋设计往往是贴身或隐蔽的，如慢跑裤如果口袋设计过多则会影响整体的造型要求，一般在腰部的内侧等部位设计隐蔽的口袋，用于盛放一些体积小的物件。而在非竞技自行车运动服装中，无论是在上衣或是裤装中，暗袋的运用都较为广泛（图1-41）。贴袋往往应用于需要特殊装饰性的款式中，如运动裤、夹克上衣，贴袋的使用使服装款式更加休闲时尚（图1-42）。

对于生活类运动服装而言，运动服装的小口袋设计可用于收纳随身听及固定耳机线，以满足人们运动时欣赏音乐的爱好。这些细节要素在材料和色彩的选择上也要和整体服装相协调。如口袋的形状、位置、材质、结构要根据人运动的习惯和舒适性来设计，同时它也丰富了运动服装款式，增加了运动服装的审美性。常见的运动套装则往往采取常规的斜插袋设计，上装及下装都设计有左右对称的口袋形式，图1-43所示为阿迪达斯运动服装, Bogner运动套装。

在户外运动服装的款式细节设计中，口袋设计往往能突显出服装整体中的装饰性。由于运动服装的廓型基本雷同，因而为体现差异化设计，口袋则是最不能忽视的细节之一。不仅如此，口袋还兼具装物、插手等实用功能，为人们在进行运动时提供了便利。户外运动服的口袋设计多采用贴袋和暗袋设计，因为户外运动的需要，这一类口袋的设计强调了口袋的多功能性特征（图1-44）。此外，越来越多的知名品牌户外运动服上出现高科技热封拉链口袋，这是为

图1–43　阿迪达斯运动套装口袋设计

图1–44　多功能的口袋设计

满足轻质、100% 防水的要求，抛弃了缝线设计，转而使用热封技术处理拉链口袋，此类设计逐渐成为未来口袋设计的重点（图1–45）。

在此以骆驼牌2013新款男式冲锋衣的口袋设计为例介绍运动服装的口袋设计（图1–46）。男式户外运动服上的口袋多数以简单大方且安全性强的暗袋设计为主，竖式压胶防水暗袋，采用充满人文关怀的立体胸带设计，配备弧形吊坠拉尾，外层边缘做防水压胶处理，令人置身户外运动时取物更加方便、安全。而女式户外运动服装的口袋设计则更注重美观性，图1–47这款女式户外冲锋衣前胸口暗袋同样做压胶防水处理，可以放置手机、钱等贴身物件，配合精美时尚的印花增添了户外运动服装的美感，使款式更具女性化气息。外套内里则置深度弹性贴袋，袋口以松紧带饰边，有效防止物品穿洞遗失，进一步增加冲锋衣的储物功能。

4. 门襟的设计

门襟即指衣服、裤子或裙子朝前正中的开襟或开缝部位。通常门襟装有拉链、纽扣、暗合扣、魔术贴等可以帮助开合的辅料。门襟有全门襟和半门襟之分，通常衬衫、夹克衫、西服、大衣等都是全门襟，而T恤衫、套头衫、半开衫、裤子、裙子等通常是半门襟。门襟一般都是朝前居中，在侧面或反面开门襟的很少，但是有的连衣裙、半裙也会开在背面或侧面以及肩上开襟。门襟是服装装饰中最醒目的主要部件之一，它和衣领、口袋互相衬托展示出服装的不同面貌，同样的款式不同的门襟设计会营造出别样的风格特征，例如在女装设计中装饰性门襟屡见不鲜。在户外运动服上为了避免给人们在运动中造成负担，必须避免过于夸张的装饰性设计。在门襟设计中常见的形式包括对襟、覆盖式门襟、叠门襟3种（图1–48）。

对襟指上衣前片分为左右两片并齐，但不重叠的无叠门门襟，它是户外运动服中间层最常用

图1–45　热封拉链口袋实例

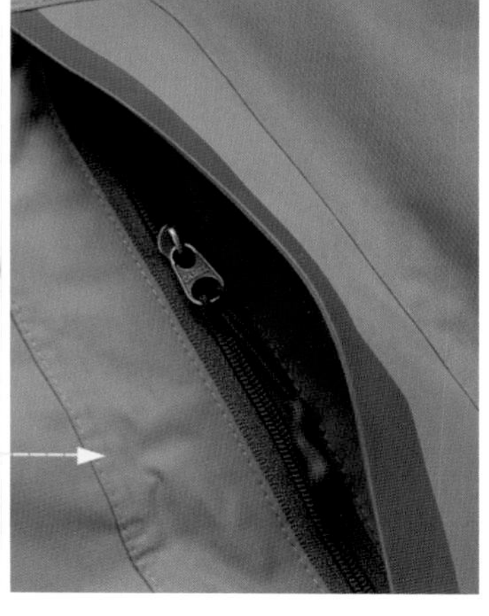

图1–46　骆驼牌2013款男式冲锋衣

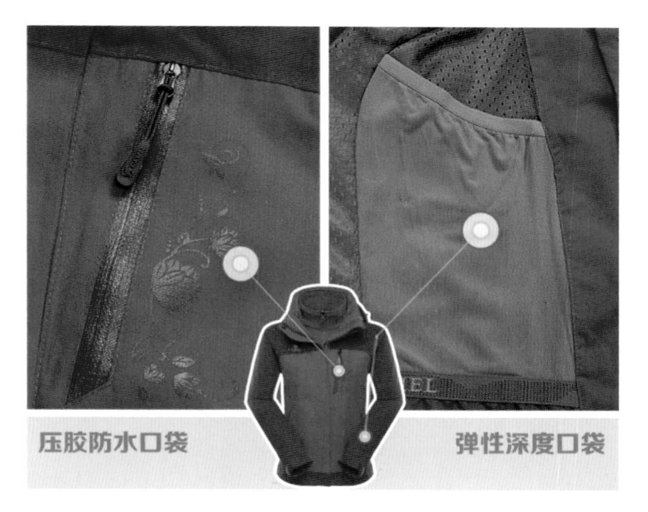

图1–47　骆驼2013款女式冲锋衣

图1–48　3种不同形式的门襟

的门襟形式，例如抓绒衣、羽绒内胆、连帽衫等拉链款式，此时的拉链还会起到装饰作用。拉链的尺寸、材质、形状、颜色都应成为设计师考虑的设计因素，如图1-49所示，设计师选择与蓝色服装面料有鲜明对比的玫红色拉链放置在门襟处，给一款平淡的户外运动连帽衫增加了设计的亮点。

覆盖式门襟指在原有门襟的基础上，再将另一层门襟面料覆盖在其上的门襟形式。此种设计常用于冬季防护性能较好的冲锋衣、厚外套、羽绒服上。其在加强保暖的同时能有效防止极限运动时外露拉链所带来的伤害或不便。由于是双层设计，设计师为了寻求变化，可以更多考虑其附加的功能性，如冲锋衣门襟处采用耐用的防水魔术贴闭合，门襟里加设贴身储物口袋，可放置贴身物品（图1-50），让门襟的功能性发挥到了极限。

在进行运动服款式设计时，无论是外部廓型、内部结构还是细节的设计，所有的款式设计要素必须服从于整体设计思想，统一在整体的造型和风格当中。设计中局部与整体的关系体现了形式美的基本原理，如一个不对称的装饰门襟，放在淑女装设计中，会营造出生动、愉悦的感觉（图1-51）。但为了增加设计感将其放在传统男式户外冲锋衣设计中就会显得突兀、生硬。在时尚产业发展迅速的今天，运动服品牌需要通过更多的款式创新来满足消费者审美需求，而不应循规蹈矩，重复传统的设计思路。同时一切整体与细节设计的考虑都应围绕一个标准，即功能与美的统一。

图1-49　对襟运动衣上的拉链设计

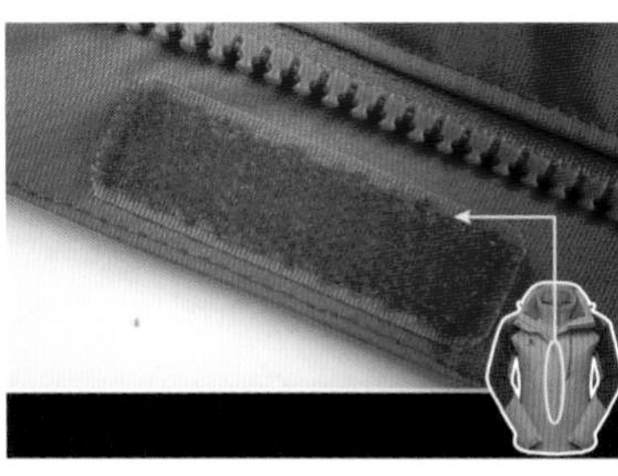

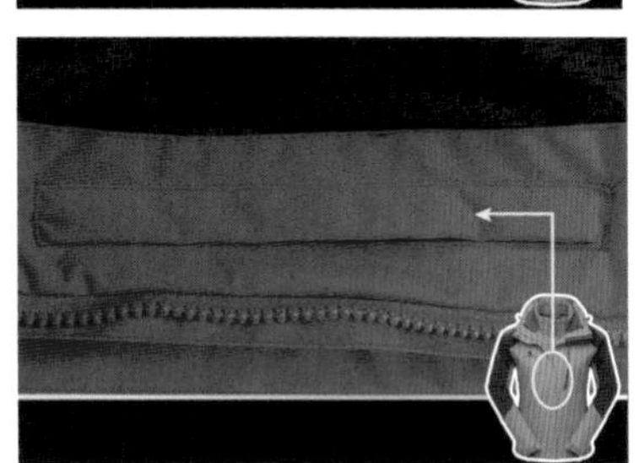

图1-50　女式冲锋衣门襟细节

图1-51　耐克运动衫的斜门襟设计

5. 其他细节的设计

在运动服装的款式设计过程中要十分关注对于细节的设计，除了领口、肩袖和结构线设计之外，袖口、帽子、腰部、裤口等诸多部位也需要根据运动的特点具备可调节功能，这些调节功能可以通过弹力绳、尼龙搭扣等细节要素来实现（图1–52）。上装的下摆和袖口多采用罗纹或橡筋袖口，运动时更紧贴人体。下装脚口处使用拉链并在此处加裆布，使脚口有更大的调节范围，方便穿脱。

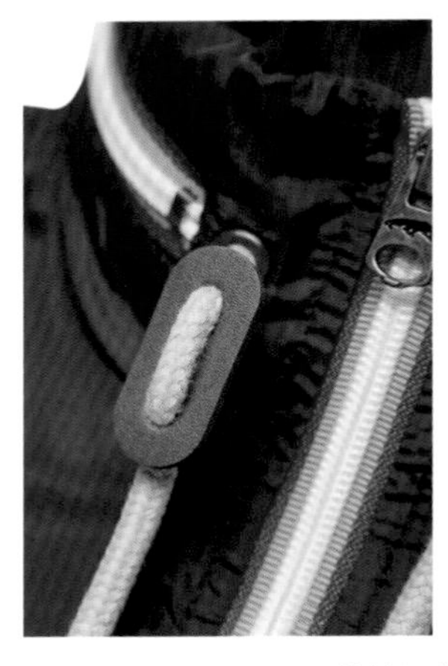
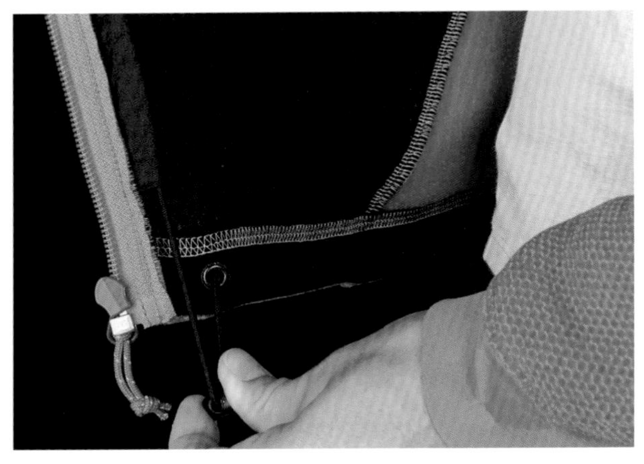

图1–52　户外运动服装的细节设计

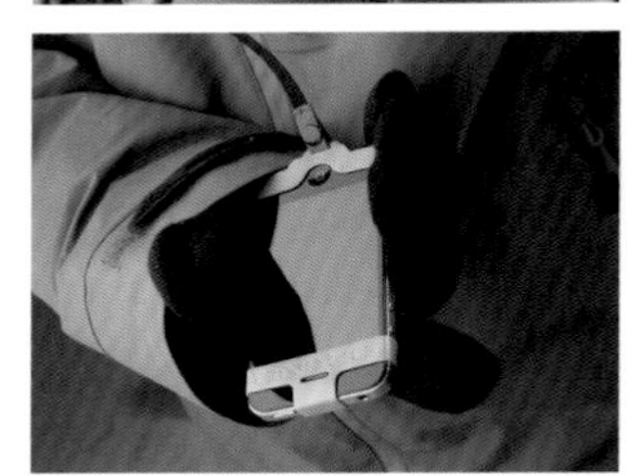

图1–53为耐克跑步夹克，多处细节设计考虑周全：拉链采用防水拉链设计，方便穿脱，高效透气；拉链口袋中线绳出口设计便于携带小型播放器或钥匙；多处反光材质设计，保证在弱光环境下高度可见；弹性暖手袖设计，提高包覆性，保持双手的温度，同时满足理想的运动幅度；下摆处配备拉绳，可根据需要自行调节；专为跑步设计的风帽前后皆有拉绳，可根据需要自行调节包覆性，在外观上亦酷感十足。

图1–53　耐克跑步夹克

现代的生活类运动服装在款式造型上改变了之前人们对于运动服装宽松肥大外形的印象，很多品牌的产品常以收腰、紧身的外观呈现。一方面由于新面料的研发，生活类运动服装产品可以很好地在休闲运动中保持身体的舒适性；另一方面是人们对于产品简洁外观设计的喜好趋势。这样生活类运动服装在造型结构的设计上发挥空间就很大，比如各种轮廓的应用，各种省道的转移、分割等剪裁手段的使用，可以更好地展现产品的特点。例如日本时尚品牌White Mountaineering与阿迪达斯的合作，吸取了其时尚品牌的产品设计风格来进行结合创造，时装化的剪裁、运动元素与流行色彩结合，同时还运用了轻柔的功能性面料，细节的装饰设计充分展现运动服装的运动魅力和时尚气息（图1–54）。其他品牌同样如此，例如阿迪达斯继经典三叶草、adidas Original、Y–3和Adidas SLVR Label后，所推出的更为年轻化的、富有新鲜感的子品牌adidas Style Essentials及与英国设计师Stella McCartney合作开发的Adidas By Stella McCartney，这些子品牌的设计定位及消费者定位都是热爱风尚的年轻顾客，灵感来源都是结合当下年轻人的喜好与运动服装流行趋势（图1–55）。

图1–54　Mountaineering2016年春夏作品

图1-56　阿迪达斯子品牌 Adidas By Stella McCartney**作品**

根据年轻消费族群的特定需求和想法进行设计创新迎合了消费者的喜爱，如很多生活类运动服装品牌利用立体裁剪的方式进行造型设计，以更好地增加作品的视觉效果。总之，不管是在运动服装整体结构上，还是细节部位如领口、袖口、裤腿等上，时尚化的设计都是当今生活类运动服装的主流。

第二章　运动服装的色彩设计

色彩作为运动服装设计的一个方面，除具有一般服装色彩所具有的生理、心理、审美等作用外，还具有非常强的功能性，是运动时安全保障的重要组成部分。所以色彩是运动服装设计在其功能性之外所必须考虑的另一重要因素，而对运动服装色彩的理论研究也是势在必行。本章所涉及的内容包括运动服装色彩对运动参与者的心理与生理影响，运动服装色彩的美观性，运动服装色彩的功能性，运动服装色彩的搭配方法及不同的运动类型，运动环境、地域、季节、气候、天气等因素对于运动服装色彩应用的影响。还将根据各种不同功能的运动服装所常用的面料特点，阐述不同面料材质与色彩的关系。最后总结运动服装色彩的特点并对色彩在运动服装设计方面的应用提出建议。

一、运动服装色彩与生理、心理的关系

无论对于日常服装还是对于运动服装，我们首先看到的是色彩，其次才是面料和结构，这是视觉规律，而这种先入为主的视觉过程及其效应使色彩成为服装美的核心条件。人在受到色彩刺激后会产生一定的感觉和联想，并且会对处于某种环境下的色彩产生视错觉，进而产生各种心理、生理的反应。所以运动服装的色彩对于运动者会产生一定的心理或生理的影响，进而影响其运动的结果。

1.色彩的视觉生理、心理现象与运动服装色彩

(1)色彩感觉与运动服装色彩

作为生活在一个色彩缤纷的世界中的人，时时刻刻在接触色彩，并形成对色彩的认识。由于人的条件反射的生理机制，在色彩进入人的思维的那一刻，与接收主体以往的经验产生联系，引起情感、意志等一系列心理反应。虽然对于色彩的情感表现会因主体的生活经验、生活环境与性格的不同而不同，但色彩学家们根据大多数人的共同反应总结出色彩情感表现的共性，并把这些色彩情感反应的共性称为色彩感觉。色彩感觉包括色彩的冷与暖、进与退、快与慢、软与硬、轻与重、膨胀与收缩、华丽与朴素、活泼与忧郁、兴奋与沉静等。色彩的感觉与色彩的三属性：色相、明度、纯度密切相关。

从色相上看，红色、橙色、黄色可以给人以暖、进、软、膨胀、兴奋等感觉；而绿色、蓝色、紫色可以给人以冷、退、硬、收缩、沉静等感觉。

从明度上看，明度高的浅色系可以产生进、快、软、轻、膨胀、活泼、兴奋等感觉；明度低的深色系可以产生退、慢、重、硬、收缩、忧郁、沉静等感觉。

从纯度上看，高纯度的色彩可以产生进、硬、华丽、活泼、兴奋等感觉；低纯度的色彩可以产生退、重、朴素、忧郁、沉静等感觉。

同一色相的颜色，在不同明度或不同纯度时，会给人不同的感觉。对色彩的诸多感觉中与运动关系密切的有冷暖、进退、快慢、轻重、活泼忧郁、兴奋沉静等感觉。冷暖色的感觉可以与运动的环境温度和季节相结合。快慢的色彩感觉可以与速度型的运动特征相结合，例如滑雪、骑行等运动（图2-1）。进退的色彩感觉可以与运动服装

图2-1　纯度、明度高的滑雪服和骑行服有进、快的感觉

图2–2　登山攀岩运动服色彩设计

的易辨识性和警示性作用相结合。轻重的色彩感觉可以与运动中需要消耗大量体力的运动相结合，比如登山、徒步等运动，服装与装备都要求轻量，除了功能性的材料外，还可从色彩上寻求平衡。活泼忧郁的色彩感觉可以应用于极限运动中，尽量使用有活泼感觉的色彩，以增强运动者的信心和保持乐观的心态（图2–2）。兴奋与沉静的色彩感觉可以与运动中需要速度或应急反应的运动相结合，因为兴奋的色彩可以激发人精神饱满、精力充沛、奋发上进的运动情绪；沉静的颜色，可以抑制人冲动的情感，适用于使人沉静、平稳的运动（图2–3）。

（2）色彩的视错觉、视觉平衡与运动服装色彩

同一个色彩在不同的环境背景中会使人产生不同的视觉变化，而产生视觉上的错觉。色彩的错觉是人眼的各种错视感觉之一。色彩是由物体的形来体现的。任何形体都有其空间、位置、大小、形态等。这些因素的不同，产生了物体色彩的色相、明度、纯度的变化，这些变化常给人造成色彩的错视效果。色彩的错视效果还常反映在人们的视觉生理平衡与心理平衡上。人眼在长时间感觉一种色彩后，总是需要这种色彩的补色来恢复自己的平衡，这就形成了色彩的错觉现象。由于人眼对色彩的错觉，任何色彩与中性灰色并置

图2-3 用沉静的蓝色设计网球服

时，会立即将灰色从中性的、无彩色的状态改变为一种与该色相适应的补色效果。但这并不是色彩本身的外观因素。由于人眼对色彩的错觉，任何两种色相不同的色彩并置时，两者都带有对方的补色感觉。

人的视觉器官对色彩具有协调舒适的要求，即不带尖锐刺激的要求，能满足这种要求的色彩就是能达到生理平衡的色彩。人的视觉对色彩的这种需求，称之为色彩的视觉生理平衡。为了防止视觉疲劳，在设计中要注意色彩补色的应用，使视觉器官从背景色彩中得到休息和平衡。

在服装色彩设计中，人们常用这种色彩的视错觉效果和视觉平衡作用来修正体形或衬托肤色，或者采取措施避免色彩视错觉引起的不希望出现的效果。利用视错觉或视觉平衡作用的色彩设计方法，同样可以用在运动服装的色彩设计中，这不仅仅能达到修正体形和衬托肤色的效果，更重要的是还可缓解运动者长期处于某种色彩单调的环境中的视觉疲劳感，以平衡视觉生理功能。 图2-4滑雪运动的环境中，几乎只有冰的白色甚至透明的颜色，此时若使用纯度高、暖色系的有彩色，就可以降低攀冰者的冰冷感，还可以调节其面对单色冰壁产生的视觉疲劳。同样的理论也可以应用于其他运动环境中。

图2-4 纯度高、暖色系的有彩色滑雪服设计

2. 运动服装色彩对参与运动者心理的影响

色彩的直接性刺激作用，反映在生理上的同时，也会导致相应的心理反应。从心理学的试验中表明，被色彩诱发的情感，会因色彩的种类不同而不同。不同的色彩也具有不同的客观表现及效果。运动服装的色彩，是参与运动过程中除环境色以外的接触到的较大面积的色块，其对参与者会有一定的心理影响，而不同的颜色会带来不同的心理效果，从而影响运动的结果（图2–5）。在运动中，情绪是影响运动者的潜能、技术和战术正常发挥最关键的因素之一，对于运动既可以起积极的影响也可以起消极的作用。

不同的服装色彩会使人产生不同的感觉，引起不同的情感体验。运动服装如果是红色，那其视觉刺激足以影响个人肌肉用力的表现，使人产生努力进取的精神；如果是黄色的运动服装，则可以令人愉快、积极、增强自信；如果服装是蓝色，可制造一种轻松的气氛，化解紧张情绪，保持信心；如果服装是绿色，则可以给运动者以希望及宁静的感觉，并对降低心率有十分显著的效果，有助于运动后身体的恢复；如果服装是橙色，则会令运动者感到温暖、活泼和热烈，能启发思维、增强斗志；如果服装是紫色，则可以使运动者镇定和宁静，利于保持平稳的心态。黑、灰色容易引起消极的心理反应，所以并不是运动服装的主选色彩，但可以作为辅助色块使用。图2–6是采用了拼色设计的生活类运动服装设计，可以从心理上舒缓运动参与者的心理压力。

图2–5　不同色彩可带给运动者不同的心理效果

图2–6　采用拼色设计的生活类运动服装设计

3. 运动服装色彩对参与者生理的影响

（1）运动服装的色彩对视力范围的影响

对于运动者所处大环境的色彩来讲，所穿着的运动服装虽只是极小的面积，却也能起到一定的调节作用。自然环境的色彩是人力无法改变的，只能通过自身所穿戴的服装及装备等的色彩，对其进行调节，以对运动的结果发挥积极的影响作用。运动服装色彩的其中一个作用，是对运动者视力范围的影响。

视力范围是指眼球固定不动时所能看到的全部外界的范围，也称作视阈。各种颜色所引起的视力范围不同，按大小排列依次为白色、黄色和蓝色、红色和绿色。视力范围大有助于扩大观察范围，可用于观察空间范围和正在运动的物体，这被称为周围视觉。周围视觉在运动中具有重要作用，特别对观察正在运动的对手或队员有很大的帮助，如果对手或队员所穿的是黄色、红色等易视性高的色彩，则可以使运动者比较容易辨别其位置，以防碰撞及利于躲避。

表2-1　不同背景下的色彩可视距离顺序表

背景色（底色）	被检验颜色的可视距离（从大到小排列）
黑	白→黄→黄、橙→黄、绿→橙
白	黑→红→紫→红、紫→蓝
红	白→黄→蓝→蓝、绿→黄、绿
黄	黑→红→蓝→蓝、紫→绿
绿	白→黄→红→黑→黄、橙
紫	白→黄→黄、绿→橙→黄、橙
灰	黄→黄、绿→橙→紫→蓝、紫

运动服装色彩对于视力范围的影响，还与色彩的可视距离有关。根据日本佐腾亘宏的色彩研究结果，在不同背景下的同一色彩的易见程度不同，表2-1列出了不同背景下的色彩可视距离顺序表。所以，在不同的运动环境中，对应使用可视距离大的服装色彩，有助于运动过程中队员之间的互相定位。例如，在接力定向越野中，第一个队员需要先找到第二个队员才能接力进行下一环节，排除遮挡物阻挡视力的情况下，如果第二个队员所穿的是可视距离大色彩的服装，则对于更快速更顺利地接力具有很大帮助。

（2）运动服装色彩对生理机能的影响

运动服装的色彩，作为运动过程中，运动参与者所接触的色彩中的重要部分，不仅对运动者的视力范围有影响，也对他们的其他生理机能产生着一定的影响，尤其是在登山、攀岩、攀冰等极限运动中，轻微的生理机能的变化，都可能带来运动结果的不同。

科学研究表明，凡是波长较长的颜色，都能引起扩张性反应；而波长较短的颜色，则会引起收缩性的反应。在不同颜色的刺激下，整个机体或是向外界扩张，或是向有机体的中心部位收缩。这些事实都可以证明色彩在不知不觉中影响我们的心理、生理机能。按心理学的规律，各种色彩与人的生理、心理的联系见表2-2。

根据以上色彩学的经验，在运动过程中，如果服装的色彩应用得当，可以有效地刺激运动的生理机能，并进一步影响运动的结果。所以在运动过程中，适宜使用色彩鲜艳的服装，以各种色彩对人体不同的刺激作用，使运动者通过服装色彩的影响而在运动生理机能上有所改善。

表2-2　颜色因素与生理、心理的相互关系

色　相	波长（nm）	生　理	心　理
红	780 ~ 610	心跳加快、血流加快、易兴奋、易疲劳	活泼、生动、温暖、兴奋、扩展
橙	610 ~ 590	血液循环加快、食欲增强	活泼、兴奋、温暖、明亮、成熟、愉快
黄	590 ~ 500	易引起人的注意	轻松、平静、明亮、愉快、幸福
绿	570 ~ 500	使人平静、心跳平稳、血压降低	安宁、稳定、轻盈
蓝	500 ~ 350	心跳平静、呼吸深沉、血压降低	冷、凉爽、冷静、深远、辽阔有哀伤和消极感
紫	350 ~ 330	心跳不平稳	优雅、神秘、娇贵、高贵、忧郁痛苦和不安
白		平稳	光明、平静、畅快、朴素、雅洁、前进和扩张感
黑		紧张	恐怖、忧伤、悲痛、死亡、庄重、坚毅感
灰		烦躁	呆板、被动、无生命力、给人已停滞感

二、运动服装色彩的美观性

1. 运动服装色彩与流行色

（1）流行色的特点

流行色是指在一定时间、一定范围内，被大多数人所推崇的几个或几组色彩。流行色是相对常用色而言的，但两者之间并没有明显的界线，常用色有时上升为流行色，流行色经人们使用后也会成为常用色。流行色具有很强的时效性，它有一个循环的周期，其变化呈螺旋式递进，相邻两个时期内的流行色会有一定程度的延续性。流行色彩的变化受到一定时期内的经济发展状况、人们感情生活及自然环境的影响和制约，并因地域、民族、文化、政治、国家等因素的不同，而产生不同程度的区别。

应用在服饰领域的流行色通常与纱线、面料和服装款式相结合，服饰的流行色能给人们的穿戴和生活环境赋予时代的特征。但由于其生命周期很短，所以并不是所有服装品类都适用流行色。

（2）运动服装色彩与流行色的关系

运动服装的色彩与流行色的关系已变得越来越密切。首先，众多专业的运动服装品牌都在扩大自己的产品线，并向休闲装市场靠拢。而其产品色彩也具有了一般休闲装色彩的特点，与流行色的关系更为密切，流行的、时尚化的色彩元素被越来越多地用于运动服装的设计中。例如，2012年秋冬女装的流行色中包含一组深浆果红色，运动服装品牌The North Face 2012年秋冬也将此流行色大量应用于服装的色彩设计中，图2-7是2012年秋冬女装流行色， 图2-8是浆果红色在The North Face 2012年秋冬女式运动服装中的应用。

图2-7　2012年秋冬女装流行色中的深浆果红色

图2-8　浆果红色在The North Face 2012年秋冬女式户外运动服装中的应用

其次，尽管非常专业的运动服装受到功能性的制约，其色彩设计并不完全由流行色彩所主导。但在进行运动服装的色彩设计时，通常的做法是在保证其功能性的常用色彩的基础上，使其带有一定的流行色的倾向。比如，由于橘色的醒目特征，其在运动服装中被使用的频率非常高，但每一季所流行的橘色，在明度和纯度上会各有不同，那么在进行运动服装的色彩设计时，设计师可以根据当季所流行的橘色的明度和纯度，去选择相应的橘色（图2-9）。所以，同是一种色相，但根据当前流行略作调整后，就有了更多的时尚气息，并且，这种调整并不会影响其色彩原本的功能性。

图2-9　不同季的橘色设计

2. 运动服装色彩与穿着者的关系

（1）运动服装色彩与穿着者肤色的关系

服装的色彩与穿着者的肤色应是互相衬托的关系，在进行运动服装的色彩设计时也应考虑到肤色与服装色彩的协调美感。根据色彩在色相对比、明度对比和纯度对比方面的视觉效果，使穿着者的肤色在相应服装色彩的映衬下达到最理想的状态。同样，肤色对于服装色彩在穿着者身上所呈现的最终视觉效果也有很大的影响。

全球最权威色彩咨询机构CMB公司创始人美国卡洛尔・杰克逊女士于20世纪80年代发明了色彩四季理论，并由西曼女士于1998年引入中国。色彩四季理论的重要内容就是把生活中的常用色按照基调的不同，进行冷暖划分和明度、纯度划分，进而形成四大组和谐关系的色彩群。进行划分后，得到四大组色彩群，并将之与自然界的色彩相呼应而命名为“春”“秋”“夏”“冬”四季。根据人的肤色、发色、瞳孔色等进行诊断将不同的人分属于某一季的色彩，从而给出最合适的色彩搭配建议。其中，“春”“秋”为暖色系，“夏”“冬”为冷色系。肤色为浅象牙色、暖米色，细腻而有透明感的春季型人适合明亮鲜艳的颜色群，比如黄色、橙色、橘色、黄绿色、浅水蓝、象牙白色等颜色，突出轻盈朝气与柔美魅力同在的特点。肤色为粉白、乳白色皮肤、带蓝调的褐色皮肤、小麦色皮肤的夏季型人适合深浅不同的各种粉色、蓝色和紫色，适合在同一色相里进行浓淡搭配，或者在蓝灰、蓝绿、蓝紫等相邻色相里进行浓淡搭配。夏季型人不适合穿纯黑色或暖黄色系。 肤色为瓷器般的象牙白色、深橘色、暗驼色或黄橙色皮肤的秋季型人适合暖色系中的沉稳色调，比如棕色、金色、苔绿色和湖蓝色，不太适合强烈的对比色，其成熟高贵的气质应是由相同的色相或相邻色相浓淡搭配而衬托出。肤色为青白色或略暗的甘蓝绿、带青色的黄褐色的冬季型人适合各种纯色，颜色要鲜明、有光泽，如以红、绿、宝石蓝、黑、白等纯色为主色，并搭配偏冷的蓝、粉、绿、黄等作为点缀。

四季色彩理论是从穿着者的服饰色彩搭配的角度进行研究的，这同样适用于运动服装的色彩选择和搭配。人的肤色在不同色彩的映衬下，会显现不同的效果，从而影响此人的整体精神面貌。在以年轻人为主的运动参与者中，对运动服装美 观性的追求是不亚于日常服装的，所以，运动服装与穿着者肤色的关系也非常重要。无论是在选择运动服装还是设计人员在进行设计时，都应考虑到运动服装色彩与肤色的互动性。

（2）运动服装色彩与穿着者体型的关系

色彩具有视觉上的膨胀和收缩性，通常暖色、亮色（如红、黄、白）具有膨胀性，也就是在面积一定时，这类颜色看起来比实际的要大一些；冷色、暗色（如蓝、绿、黑）具有收缩性，在面积一定时，这类颜色看起来会比实际的要小一些。穿着者在选择户外运动服装时，可以根据色彩的这一特点，并结合自己的体型进行色彩选择，以达到视觉上的理想效果。

运动追求健康之美，体型消瘦或较矮的人容易给人弱小的视觉印象，可以通过穿着饱和度和明度都较高的暖彩色系来扩张自己的气场，使自己看起来健康、强壮，比如选择大红色、橘红色、黄绿色或是靛蓝色等。而白色或明度高、饱和度低的粉彩色系虽有很强的扩张感，却容易使穿着者看上去更羸弱，并且这些颜色由于其易脏的特性，其在运动服装中的使用频率是远远低于饱和度较高的颜色的。

体型高大、肥胖之人，在人群中易显得突兀，这些人则可以通过选择暗色、冷色来使体型达到一定程度上的视觉收缩感。比如黑色、藏青色、墨绿色、深紫红或偏冷的深棕色等，但过暗的颜色容易使运动服装失去其警示性作用，所以，最好能将这些暗色与一些纯度较高的色彩系搭配使用。这可以通过色块拼接的方式，或是通过多件不同色的服装互相搭配的方式进行调节。

另外，还可以通过色彩对比的视错觉，在运动服装上用两种或两种以上的色彩进行不同方式的排列、拼接而达到调节体型的效果。比如横条纹、格子、整体亮色的大花型印花图案或横向色块的拼接，都可以达到视觉上的膨胀感；而竖条纹、暗色小碎花或竖向拼接则可以使体型看起比实际的要瘦小一些。

（3）运动服装色彩与穿着者性别、年龄的关系

不同的性别有不同的色彩偏好，对于日常着装来讲，男性多偏向于选择中性色及一些纯度不高的冷色系，而女性的色彩选择范围则不局限于某些色彩。但对于运动服装来讲，因为运动服装的色彩本就是以鲜艳明亮的颜色居多，所以通过问卷和取样调查的结果都显示，无论男女对于运动服装色彩的选择也主要集中在明亮的色彩，男女对于运动服装色彩的选择倾向不同于日常服装的色彩。但男女略有不同的是，男性的选择更偏暖色系，被选前5名的色彩依次为橙色、大红、天蓝、黑色和亮黄色；女性的选择则更偏冷色系一些。

3. 运动服装色彩与面料的关系

由于运动环境的特殊性，其对服装面料的要求也有别于日常服装。为适应运动服装对面料的特殊性要求，各种由新型纤维制成的面料应运而生。依据服装功能性的不同，其所采用的面料材质和织造工艺也各不相同。而不同的面料材质和织造工艺会对呈现于其上的色彩有一定的影响，同样的色彩在不同的材质上会呈现出有差距的色相、纯度或明度。同时，由于各种面料所被应用的位置不同，从主观设计上也会具有色彩的差异性。

（1）贴身层常用面料及色彩

贴身层服装面料，由于绝大多数为化学纤维，所以其着色性能非常优越。无论是黑灰驼中性色还是鲜艳明亮的颜色甚至是荧光色都可以在这些面料上实现。如果是利用羊毛纤维的面料，颜色的鲜亮程度会受到一定制约。

在进行贴身层服装的色彩设计和选择时，可根据服装穿着的季节而相应地进行色彩的应用。在春、秋、冬三季时，贴身层服装外多半会加穿其他服装，所以此时的服装色彩可以不用考虑太多色彩的功能性而根据个人喜好自由选择。设计时可以考虑将其与当季时装的流行色进行结合，以最大程度地提高运动服装的时尚性。如果是夏季，贴身层服装即是最外层服装，这时则需要将运动对色彩功能性的要求加入到服装的色彩里面。比如运动要求服装色彩与环境色有明显区别，以便发生事故时易于辨别和及时救援，此时无论是设计师还是消费者，在选择服装时应考虑到相应的运动环境色彩及运动对服装色彩的要求，以便选择最适合的服装（图2-10）。

图2-10-（1） 各种色彩的贴身层服装

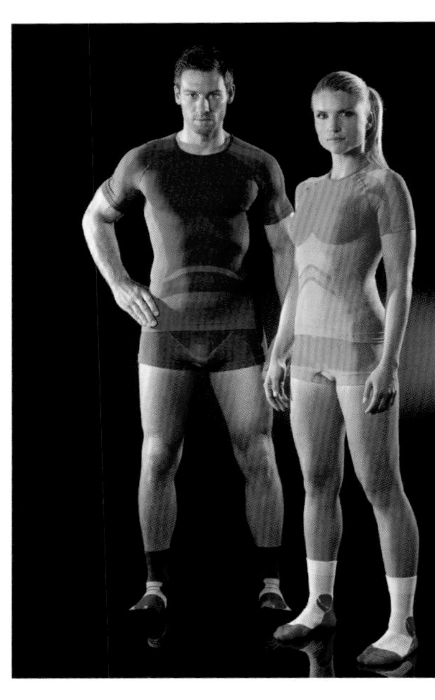

图2-10-（2） 各种色彩的贴身层服装

图2-11　各种色彩的户外运动中间层服装

（2）中间层常用面料及色彩

中间层包括马甲、服装夹层等，多用于保暖，在设计时需要考虑与外套的搭配。如运动服装中抓绒衣的色彩通常可以考虑其与外套的搭配性，至于是与外套撞色还是配色皆可根据设计师或用户的意愿任意选择。当然如果中间层色彩可以与流行色结合，其时尚性定会大大提高。可直接作为外层穿用的防风抓绒衣，在色彩设计时就要将运动对色彩功能性的要求加入其中。可以全件都用鲜亮的色彩或将亮色与中性色搭配使用，同样需注意其色彩与运动环境色的关系，如要易于分辨则多用亮色，要增加隐蔽性就用与环境相同的色系（图2-11）。

（3）外层面料及常用色彩

外层运动服装所担负的功能性较多，通常内层和中间层实现不了的功能，都可以通过最外层进行补足，所以外层服装可以被称作全功能外套（图2-12）。包括通常所说的冲锋衣、冲锋裤和羽绒衣裤等都是最外层多功能服装。这些外层服装最重要的功能性包括防水、防风、透气、保温、防污、易去污、抗静电、防紫外线、轻量、耐磨等诸多方面。而这些性能的实现方式则更加多样化。

图2-12　各种色彩的运动服装外套层服装

三、运动服装色彩的功能性

1. 运动服装的易辨识性

各类运动项目，尤其是极限性的运动都具有一定的危险性，既有环境状况的危险因素也有运动本身的危险因素。如果户外运动环境是少有人踏足的野外环境，一旦运动过程中发生意外，只能向同伴或外部寻求救援。而在救援搜寻过程中，服装对于发现搜寻目标工作的帮助作用是关键性的。如果被施救者所着服装的色彩与所处环境色反差较大，那会很容易被发现，救援也可以顺利进行。但如果被施救者所着的服装色彩与环境色是同色系，那就会给搜救工作带来极大困难。比如，如果在丛林中迷失的被施救者穿了绿色系的服装，或者在沙漠中却穿了驼色的衣服，在这两种情况下被发现的可能性就比穿一件红色或橙色衣服小很多，如果被施救者刚好是处在失去知觉或行动能力的情况下，甚至会严重到错过被救援的机会。

另外一种情况是在运动时虽然没有发生危险，却与同行的人暂时分开一定距离，那在彼此要寻找的时候，服装的色彩可以帮助彼此很迅速地发现对方所在的方位，从而避免浪费不必要的体力。毕竟在运动的过程都会大量消耗体力，想尽一切办法减轻负重以及保存体力是所有运动者极力追求的事情。所以由于危险性的存在和保存体力的目的，参与运动时所着服装的色彩一定要考虑到色彩的易辨识性（图2-13）。

2. 运动服装色彩的警示性

运动服装色彩的警示性也即安全性，是指在运动过程中，尤其是速度较快的运动中，能够使同伴或对手可以轻易地发现并避开目标。比如在滑雪过程中速度非常快，但是天然的滑雪场地常有岩石、树木等障碍物，容易遮挡视线，鲜艳醒目的色彩可以帮助滑雪者迅速锁定视觉焦点以避免碰撞，此时的色彩所起到的即是警示作用。根据不同的色彩在不同环境色下的易见程度，在需要色彩的警示性发挥作用的环境中，合理地运

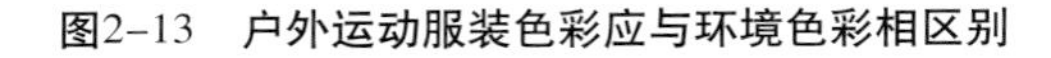

图2-13　户外运动服装色彩应与环境色彩相区别

图2- 14　Bogner滑雪服的色彩具有警示作用的同时具有亮丽、跳跃的视觉审美效果

图2-15　使用了反光材料作装饰条的跑步服，骑行服

用服装色彩，可以避免不必要的危险发生。如图2-14所示，在白色背景中黑色的易见性最强，而高纯度的黄色也具有很高的易见性，所以这两色的搭配在滑雪运动中具有非常强的警示作用，同时也是其他户外运动服装最常用的色彩组合。

另外，在夜间骑行、夜间公路上徒步或探险黑暗的洞穴等户外运动中，服装上银灰色反光材料将会起到很大的安全保护性作用，这也是户外服装警示性的一个方面。反光材料在自然光下呈现灰色，夜间灯光下将会反射光的颜色，图2-15为使用了反光材料装饰作装饰条的跑步服、骑行服，其色彩也是构成服装色彩的一部分。

三、运动服装色彩的搭配

1. 运动服装色彩的搭配设计

运动服装色彩的搭配虽然受到一定功能性制约，其色彩不像日常服装那样丰富，常用色彩也与日常服装的色彩有很大区别，但同样也要遵循美观的原则，也需要合理搭配以使整套服装看起来更出彩。所以在运动服装有限的色彩里，合理地进行搭配，同样可以获得美的视觉感受。运动服装色彩搭配的方法主要可以分为有彩色与无彩色的搭配、有彩色与对比色搭配、有色的同色系搭配等几种搭配方法，但实际应用时，通常是几种方法结合进行。图2-16的骑行服以纯度较高的鲜艳色彩以及黑、白、灰为主，两者之间的相互搭配构成了竞技自行车运动主要的服装视觉色彩，色彩与色彩之间的纯度明度对比、色彩块面分割搭配，将现代竞技自行车运动所体现出的速度、力量、激情完整地在服装视觉色彩上得以表达和体现。通过色彩三属性的变化及面积大小的调节而获得不同的视觉效果，但无论使用何种色彩的搭配方法，其最终的原则是获得视觉上的和谐美。以下就几种主要的色彩搭配方法进行相应的实例分析。

（1）单色搭配设计

单色设计具有整体性强和易搭配的特点，是运动服装色彩设计中经常使用的方法。顾名思义"单色设计"，就是一件服装整体的颜色只有一种单色设计，更确切地说是其面料的颜色只有一种，有一些款式的拉链、缝线或Logo使用另一种颜色，但由于其所占的面积极小，我们也把它划分为此类单色设计中。图2-17中单色设计的运动服装的整体感觉清爽简洁，该单色的设计很好地诠释了运动服装的风格，彰显运动活力。

同一款式多种单色选择是运动服装设计中经常使用的方法。其中以黑白灰出现的频率最高，

图2-16　骑行服的色彩搭配设计

图2-17　单色设计的耐克跑步T恤

其次如正红、钴蓝、果绿都是常被使用的颜色。这些颜色所具有的共同特点是纯度高和易搭配。

单色设计的运动服装中，局部的拉链、抽绳、缝线或是Logo的色彩变化（图2-18），面料质感的变化（图2-19）以及款式分割的变化和局部细节的巧思（图2-20），往往成为一件运动服装的点睛之笔，使得服装整体丰富律动，也更加符合现代人的审美。

图2-18　拉链、Logo色彩变化的运动服

图2-19　面料质感变化的运动服设计

图2-20　注重局部细节的运动服设计

（2）有彩色与无彩色的搭配

有彩色与无彩色的搭配方法，是运动服装最常用的方法。如前所述，运动服装因其功能性的需求，以使用鲜艳的色彩为主，暗色或无彩色多作为辅助色彩使用。而这种配色方法是将各种明度与纯度的红色、橙色、黄色、绿色、蓝色、紫色等有彩色在使用时配以无彩色的黑色、白色、灰色。有彩色的使用，尤其是鲜艳色彩的使用可以保证运动服装色彩的功能性，而无彩色可以对有彩色起到有效的调节作用，使整体的服装呈现最佳的视觉美感。

首先是上下装分别使用有彩色和无彩色的配色方法，这种方法方便单色款的服装之间的相互搭配。其次是同一件服装上同时以有彩色和无彩色的色块进行拼接，这种方法可以在上下装搭配穿着时通过色彩进行呼应，增加成套的服装在色彩上的整体性的同时还可以形成着装的视觉焦点。通过这种配色方法，一方面可以用黑色、白色，或灰色的对鲜艳的有彩色进行中和，另一方面有彩色的使用可以避免单纯的无彩色容易产生缺乏活力的特点（图2–21）。

图2–21　有彩色与无彩色的搭配设计

图2–22　户外运动男装有彩色与无彩色的配色

有彩色与无彩色的男式运动服装配色方案如图2–22所示，黑色的大身配以高纯度的红色，并以小面积的灰色进行调节，使整体色彩稳重而不沉闷；中明度、较高纯度的蓝色裤子搭配中灰色与白色相拼并配以小面积蓝色的上衣，形成色彩的层次感；高纯度的橘红色并饰有浅灰色辅料的上衣搭配黑色裤子，上下装之间以辅料的荧光绿色的点缀色彩进行呼应；较高纯度的浅蓝色上衣与深灰色的裤子搭配，上下装之间通过小面积的黄色进行呼应。4种配色方案均是以鲜亮的色彩与黑色、白色或灰色进行搭配，通过对各种色彩不同面积的应用而突出主色与辅助色，并形成上下装搭配的整体性。

有彩色与无彩色的女式运动服装配色方案如图2–23所示，高纯度的亮黄色上衣与中度灰色的裤子相搭配，并配以黑色的内搭，上下装以辅料的小面积橘色和咖啡色进行呼应；深灰色与高纯度的橘色相拼的上衣，搭配饰有橘色细节的浅灰色裤子，橄榄绿色内搭与鞋子颜色相呼应；高纯度玫红色饰有黑色辅料的上衣与浅灰色饰有黑色辅料的裤相搭配，并配以黑色内搭，形成深、中、浅的层次感；明度较高的蓝色与白色相拼的上衣搭配黑色的裤子，色彩对比较强烈醒目，并以中明度的蓝色内搭进行调节；高纯度红色与黑色相拼的上衣，配以低明度的暗红色，并以小面积的灰色进行亮度上的调节。5种配色方案均考虑到无彩色对有彩色的调节作用及上下装之间的搭配性，将某一色相的色彩通过明度、纯度上的调节和面积大小的分配与不同明度的无彩色合理搭配，形成整套服装的整体性与层次感。

图2-23　户外运动女装有彩色与无彩色的配色

（3）有彩色的对比色搭配

有彩色的对比色搭配是指将不同色相的色彩同时应用于整件或整套运动服装上，通过各色相的明度、纯度以及主、辅色的使用面积对比进行调节。这种搭配方式视觉冲击力比较强烈，由不同色相之间的互相对比而形成的视错觉作用会使色彩看上去更加鲜艳，从而得以更好地实现运动功能性（图2-24）。但在搭配过程中，一定要把握好主、辅色面积的配比及纯度与明度的对比关系，以免产生无主次色彩的花哨感。具体搭配时，既可以通过上下装分别使用不同色相进行搭配，也可以在单件服装上进行不同色相的拼接搭配，搭配时需注意上下装色彩的协调性，以免产生不和谐的视觉冲突。

图2-24　有彩色的对比色搭配设计

图2-25　运动男装有彩色的对比色配色

男式运动服装有彩色的对比色搭配方案如图2-25所示，高纯度的红色与较高明度、高纯度的蓝色相拼的上衣，搭配低明度的藏青色与中灰色相拼的裤子，并配有高明度的绿色内搭及红蓝相间的帽子和鞋子，色彩丰富并有深浅层次；低明度的藏青色大身配以小面积的高纯度的黄色及高纯度玫红色，主次色彩分明，对比强烈，鲜艳的黄色和玫红色有效地提高了服装的活泼度，使暗色不再沉闷；低明度的墨绿色与高纯度的黄色和红色对比搭配，加入适当面积的黑和白作为调和，使不同色相、不同明度对比强烈的3个色彩略显缓和，亮黄色的使用使整套服装非常醒目。

图2-26　运动女装有彩色的对比色配色

女式运动服装有彩色的对比色搭配方案如图2-26所示，高纯度的红色与深蓝绿相拼的上衣，搭配深蓝绿与较高明度冷黄色相拼的裤子，并配有高明度的绿蓝色内搭，裤子与上衣的里布以相同的冷黄色相互呼应，整套服装深浅层次及色相对比强烈；中明度、较高纯度的蓝色与较高明度的黄绿色相搭配，并配有较高明度的紫色内搭，以相似明度的灰色进行调和，使得不同色相的对比相对柔和；高纯度的玫红色和暖黄色，配以高明度的黄色与深藏青色，色相对比强烈、醒目。

（4）有彩色的同色系搭配

有彩色的同色系搭配是指将同一色相的不同明度、不同纯度的色彩进行搭配运用，并通过面积大小的对比进行调节，从而得到视觉的

图2-27　同一色相变化明度和纯度的配色

和谐美感。这种色彩搭配的方式视觉上相对柔和，比较容易产生层次感和韵律感。同色系搭配同样可以通过上下装分别不同的明度或纯度的方法进行搭配，也可以在同一件服装上进行不同明度、不同纯度的色块拼接。同色系搭配比较容易产生整体感，但搭配时要注意把握明度与纯度的对比程度，避免单色系带来的单调感。

在运动服装的配色设计中使用同一色调调和的设计，多数是在同一色相的基础上变换明度和纯度，搭配出调和的效果，这种配色方法较为简单、易于统一。图2-27中，分别以绿色、红色为基调，通过变化明度和纯度同时配合款式和结构的分割进行配色，使得服装整体性强又赋予律动和变化。同时同一色调调和的设计也是同一款式多种配色的常用方法。

男式运动服装的同色系搭配方案如图2-28所示，红色系的搭配是以低明度中纯度的暗红色为主色，以高纯度的红

图2-28　男式运动服装有彩色的同色系配色

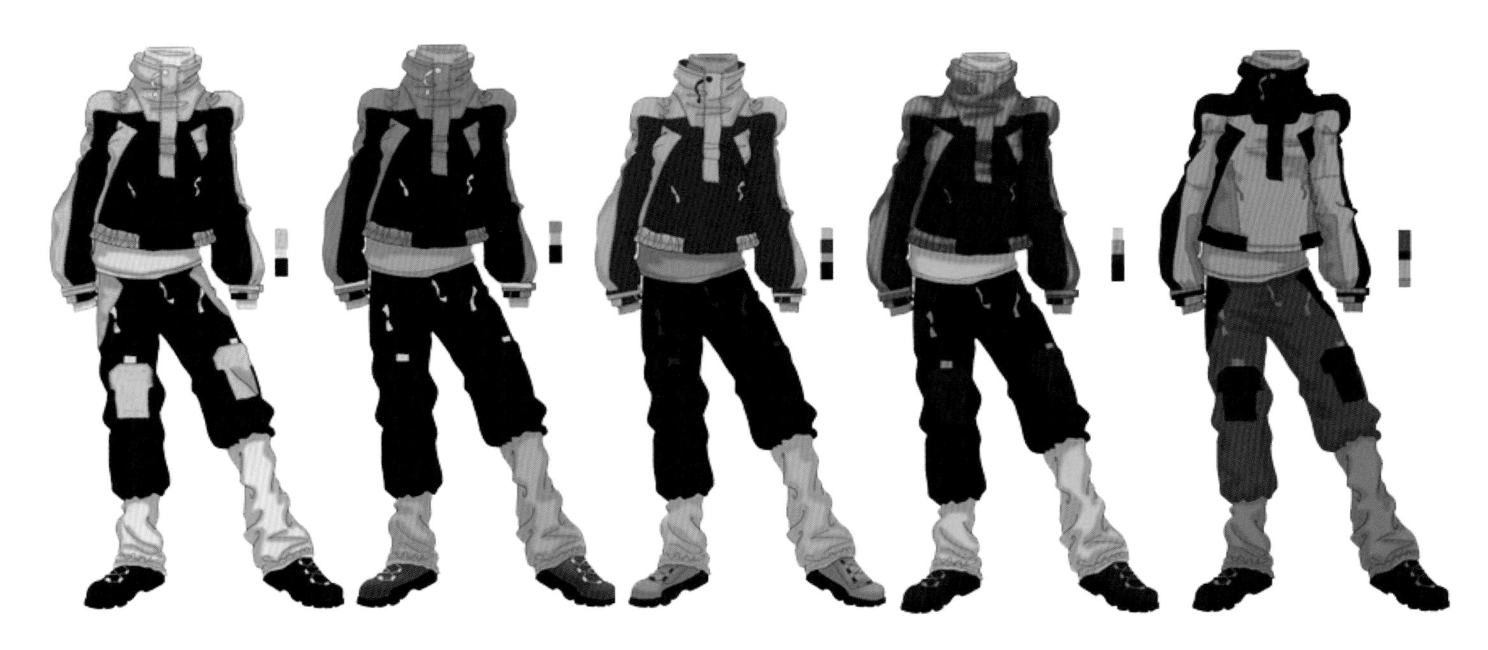

图2-29　女式运动服装有彩色的同色系配色

色作为点缀色，同时搭配中明度低纯度的灰红色和高明度的粉红色及白色提升层次感；黄色系的搭配是较低明度的暖黄色为主色，搭配中明度高纯度的暖黄色和高明度的暖黄色，并以黑色进行调和以避免暖黄色系搭配带来的色彩焦灼感；蓝色系的搭配是以低明度的蓝色为主色搭配高明度的水蓝色，并以高纯度的蓝色进行点缀，同时以低纯度的灰蓝色进行中和增加层次感；绿色系的搭配是高明度低纯度的灰绿色为主色，搭配高纯度低明度的深绿色裤子，两色对比柔和，所以配以高纯度高明度的绿色内搭进行提亮，小面积亮色的使用使整套服装显得精神。

女式运动服装的同色系配色方案如图2-29所示，黄色系的搭配是以明度很低的咖啡色为主色，搭配高纯度高明度的黄色，并配以高明度低纯度的黄色内搭；绿色系的搭配是以低明度的墨绿色为主色，搭配高明度高纯度的绿色，并配有低纯度高明度的绿色内搭；蓝色系的搭配是以中明度的蓝色拼高明度蓝色的上衣，搭配低明度的藏青色裤子，同时配有浅灰色内搭；玫红色系的搭配是以低明度的玫红色，搭配高纯度高明度的玫红色，并配以高明度低纯度的粉红色内搭；红色系的搭配是以高明度较低纯度的粉红色与低明度红色相拼的上衣，与高纯度红色裤子相搭配，并配以粉色和灰色内搭。几组配色都是以不同明度和纯度的同色系色彩互相搭配使用，层次分明，对比缓和，但高纯度色的使用提高了对比的强烈程度，并使运动服装的醒目目的得以实现。

2. 运动服装色彩与环境色的搭配

运动服装色彩与环境色的关系也可说是与环境色搭配的关系，运动服装色彩是否美观还要考虑其与运动所处的环境色彩是否和谐。运动服装色彩与环境色的关系存在两个大的方向：第一种，为了达到运动服装的易辨识性作用，运动服装的色彩采用与环境色相反的色相以达到醒目的效果；第二种，运动服装的色彩尽量与环境色相匹配，使穿着者越难从环境中分辨出来越好，以达到隐蔽的效果，例如迷彩服（图2-30）。但随着运动参与者的增加和复杂化，为适应多元化消费者的需求，运动服装的色彩与环境色的关系也渐渐变得柔和，即逐渐向两种关系方向的中间地带过渡。例如，现在有为数众多的运动者喜欢在运动的同时进行摄影，如果被拍摄的人选择一件与环境色有一定区别但又不显突兀的色彩的服装，可以使拍摄的画面更完美。但无论怎样，在满足功能性要求的前提下，使运动服装的色彩与环境色保持的谐还是必要的。

不同的运动尤其是其相应的运动环境对服装色彩的要求也会有所不同，这种要求除了对前述两种运动服装色彩功能性的要求，也包括环境色对服装色彩与环境色互相呼应而形成和谐美的要求。以骑行服为例，大面积高纯度的色彩、对比色的色彩组合和独特醒目的图案色彩等的运用，可以增加个性并且利于辨识和记忆（图2-31）。

图2-30 迷彩色及图案在户外运动服装设计中的应用

图 2 31 骑行服装色彩与环境色彩

五、运动服装的色彩设计

1. 运动服装色彩元素及运用特征

服装的色彩元素是指色彩的色相、纯度、明度等属性。一切具有不同色相、纯度、明度色调的色彩都能随意混合重新组合出一组色调，色调能带给观众最直观的感受并能唤起观者情感。

色调所引起的联想列举如下：

亮调——阳光、自由、动感、积极、健康、正能量。

浅调——清爽、简洁、柔和、安定、明媚、优雅。

深调——厚重、沉稳、深邃、成熟、压抑、传统。

暗调——朴实、消极、充实、隐晦、稳重、结实。

灰调——踏实、高级、层次、淡定、雅致、韵味。

以往的运动服装给人的感觉是色彩有一片生机勃勃的愉悦景象。所以运动风格的服装大多采用鲜艳的色调，Lacoste、Tommy的设计多是活泼的鲜艳色调（图2-32）。但是随着“运动越来越时尚，时尚越来越运动”这一趋势下，许多设计师都把个人的设计特色带入到作品中，比如说Y-3的设计师山本耀司，以使用沉稳的黑

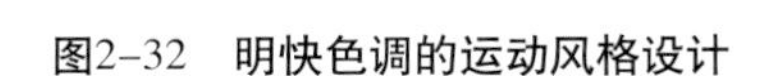

图2-32 明快色调的运动风格设计

图2-33　黑灰色调的Y3

色调著称，将运动与成衣很好地结合，即在成衣中无论是面料还是剪裁都恰如其分地运用了运动的元素，但是它又没有像运动服装一样用很花俏的颜色，统一的黑白灰，非常的时尚大气，偶尔会来一抹其标志性的浓艳色调，非常符合时装的流行趋势（图2-33）。

其实对于运动色彩时尚化这一点，并非有统一的标准，既可以像Lacoste 、Stella McCartney一样活泼又鲜亮，表现其积极向上的生活态度，也可以像山本耀司一般用统一的黑白灰，显得既神秘又时尚，非常有质感。另外，运动服装的颜色还可以以另外一种形式存在，带一种象征的意味，比如世界杯上，不同国家的代表队所穿的球服在颜色以及线条的运用上都有鲜明的差别，像巴西和英国就把代表自己国家的颜色融入到了设计中。越来越多的运动服装正趋向时尚化的时候，越来越多的时尚品牌的设计中也融入运动风格，运动服装无论是专业化还是时装化款式，对色彩的配合运用有以下几方面的特点：

（1）运动风格服装的颜色要符合穿着者的心理需求

影响色彩感情最主要的是色相，其次是纯度，再次是明度。爱好运动的时尚人士大多会根据自己的性格或喜好选择颜色，比如积极阳光的人就会选择饱和度高的比较醒目的颜色，比较低调的运动爱好者可能就会选择比较暗一点或者比较中性一点的颜色。

（2）运动风格服装色彩的象征性

运动风格的服装最好要有色彩辨别度，在运动休闲的过程中，运动者需要用醒目、个性化的配色组合来突显自己的存在，以便于在竞技项目中得到辨识，如看到黄色与绿色的组合就会想到巴西国家足球队。

（3）运动风格服装色彩的流行性

色彩流行性与运动时尚、品牌精神的结合是运动风格服装设计师关注的焦点，但并不意味着每一种流行色都是适用于表达运动风格的服装，必须从大量繁复的流行色中挑选出与本设计精神所相符的色彩，也可通过略微地调整色彩的纯度、明度及冷暖倾向，使之更为流行，整体更为和谐。

2. 运动服装色彩的设计发展和创新

（1）纯色的设计

纯色指各类纯度较高的色彩，例如红、黄、蓝三原色及橙色、绿色、紫色等其他纯度较高的色彩，纯度较高的色彩由于具有较好的警示作用，符合运动服装积极乐观的精神需求，一直是运动服装设计的主要用色。在当前较为流行普及的生活类运动服装设计中，生活类运动服装设计的色彩具有专业运动服装色彩与流行色彩的双重特征，在视觉上可达到醒目、靓丽的审美效果（图2-34），这一色彩的设计特征是生活类运动服装受到欢迎的主要原因之一。

图2-34　使用橙色设计的生活类运动服装

对于专业运动服装而言，纯色设计的作用则更加突出与明显。高明度、高纯度的色彩设计可让参与运动的人无论身处何种环境，通过服装色彩的警示作用可对运动参与者起到很大程度上的安全防护作用。每年的运动服装设计中，都有纯色设计的不同表现。例如Aaisas By Stella McCartney 2013年春夏设计的服装（图2-35），就将当季流行的橙色进行了创新运用，与珊瑚色，浅黄色搭配，突破了常规的搭配方式，营造出惊艳效果。

（2）无彩色的设计

无彩色是以黑白两色以及各种深浅不同的灰色构成的，视觉上单纯、和谐、统一，无论是和运动服装其他单品搭配还是和生活类运动服装或是时装搭配都有很强的可搭性（图2-36）。通过黑白灰之间的对比和调和使得服装整体不单调、不刻板。根据黑白灰色块形状、面积、位置的不同，会产生无数种无彩色之间的色彩设计，也起到不同的效果。图2-36（左）中 Adidas by Stella McCartney 2011年秋冬夹克，黑白色彩的拼接玩味，打破常规的色块分割，使得服装整体效果新颖时尚，展现女性的飒爽英姿。图2-36中耐克 2012年秋冬款黑白灰的搭配，不仅时尚美观，更能通过视错觉美化体型。

（3）荧光色、金属色的设计

荧光色、金属色作为国际时尚T台上流行的色彩在运动服装中也广为运用，将荧光色、金属色加入设计，可以使运动服充满未来感，大胆前卫（图2-37）。

图2-35　Adidas为Stella mccartney 2013春夏作品

图2-36　黑白灰无彩色搭配的设计

图2-37-（1） 荧光色在运动服上的应用

图2-37-（2） 金属色在户外运动服上的应用

将银色金属色、白色和蓝色相互搭配，视觉效果绚丽，有未来感。将暗金色金属色镶拼在深藏青套衫上，富有时尚运动感。还有金属蓝色涂层面料的独特运用让户外运动服的色彩不仅更加鲜艳，而且更富动感，恰好符合了运动主题所表达的律动精神。

（4）透明色的设计

传统而单调的白色、绿色、黄色因面料的特殊性变成时尚轻盈的透明色，不同于普通雨衣的透明效果而带有磨砂般的质感是此种透明色的创新之处，透明色的外套可使底下的色彩穿透出来，穿着者可随意打造个性元素又不至于过分张扬，迎合了当下低调时尚的运动风潮（图2–38）。

图2–38 透明色运动服装设计

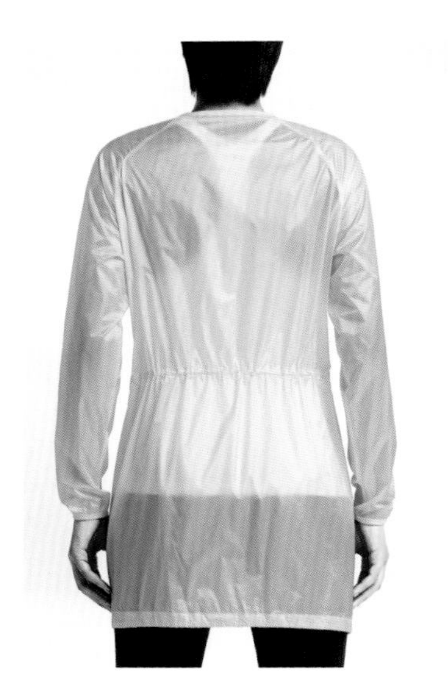

3. 专项运动服装色彩设计

很多类型的户外运动之间并没有非常明确的界线，经常是几种运动项目互相穿插进行的，比如在溯溪之前可能先要徒步穿越丛林，如果路程较长，夜间还需要露营某处；又如登山过程中可能同时也是探险的过程，滑雪前需要先登山等。所以以下各类运动类型的分类只是根据各运动项目比较典型方式进行分类的，同时考虑到有些运动环境相似，对服装的要求也有共同性，所以归作一类进行分析。

(1)登山服装

登山可以分为两类，一是一般群众性的休闲登山，这类登山对于山的高度、攀登方式、使用装备及服装的功能性没有特定的要求；另一种是利用专门的装备和技术以攀登一定高度为目的的探险性登山，这种登山危险性高，专业性强，对装备和服装均有很高的要求。

休闲性登山因为运动量不是特别大且危险性系数也不是很高，所以对于服装的要求只要能满足基本的活动量和舒适性的要求就可以了，因而常用的服装包括符合基本运动要求的运动休闲装和专业性相对不是太高的登山服装。正是因为这类登山运动是群众性休闲运动，所以消费者对于此类活动服装的要求是时尚性和多用途。这类服装面向的并非严酷的自然环境，登山服装的专业性能不是必备条件，所以便可以更多的与其他运动服装或时尚休闲装的流行趋势相结合，以使这些服装除了休闲登山时穿用，还可以在进行其他类型户外运动或休闲活动时穿用(图2-39)。服装的色彩方面则可以除了运用一般运动服装本身常用的鲜艳色彩以示活力的特点外，还可以尽可能多地应用或选择具有当季流行色的服装，以使服装在色彩方面制胜。

专业的探险性登山运动对于服装及其色

图2-39 The North Face休闲类登山装设计

图 2-40　同一款登山服装的多种配色

彩功能性的要求是非常严格的，因为登山者所面对的是最险恶的自然环境，包括人际罕至、地型多险峻、常有恶劣天气、高海拔、低压缺氧、气温低等，所以其极易发生危险。并且因登山过程体力消耗巨大，如果所用装备和服装性能不能满足严酷环境和高耗能状态下舒适性的需要，则会给登山运动带来额外负担甚至更多危险。这种高危险的环境下，对登山者的心理也有巨大的考验，在极端的情况下，任何一点微小的因素都可能会导致极大的心理乃至生理反应，所以，此时服装色彩无论是对于登山过程中色彩对登山者心理的影响、还是对于危险发生后的救援需要都是非常重要的。

登山服装的色彩搭配可适用前述3种色彩搭配的方法。例如图2-40中，对于同一款男式登山外套的色彩配色，分别利用了有彩色与无彩色搭配的方法和有彩色的对比色搭配的方法进行配色。可与此款上衣搭配的裤装色彩只提供一种配色方案，但同时结合了此上装3套配色方案里的色彩（图2-41），以便自由选择上衣色彩与裤子搭配。例如图2-42中的同一款女式登山服装的配色分别采用的是有彩色的同色系搭配和有彩色与无彩色的搭配方法。

图 2-41　方便与上装搭配的登山裤的配色

图 2-42　同一款女式登山服装的几种配色方案

图 2-43　登山环境与登山服装

众多的专业登山者以攀登高海拔或高难度的山峰为目标，如世界著名的山峰珠穆朗玛峰、乔戈里峰、勃朗峰、乞力马扎罗山、富士山及阿尔卑斯山的“三大北壁” 等。这些山峰很多都是山麓植被丰富，山顶常年覆盖积雪，气温很低，所以在服装色彩方面，不能选用与环境色相同的绿色或白色，其他冷色也要尽量少用，因为在冰雪环境中，冷色会使人感觉更加寒冷，所以适宜选择深色并且结合大红、橘红、玫红、黄色等鲜亮的暖色系的色彩使用，一方面深色可以帮助尽可能多的吸收热量，同时鲜亮的颜色又能一定程度上缓解登山者身处白茫茫的雪地上所产生的视觉疲劳，再有就是鲜亮色可以在发生事故后易于搜救人员寻找（图2-43）。对于一些低海拔高难度的登山环境，如果是覆盖植被的山，尽量避免选择绿色系；如果多是荒芜之山，则要避免选择棕色或驼色系的服装。

图2-44 鲜亮色彩在滑雪服中的应用

图 2-45 黑白色在滑雪服中的应用

（2）滑雪服装

滑雪从滑行的条件和参与的目的不同可分为实用类滑雪、竞技类滑雪和旅游类（娱乐、健身）滑雪；按照滑雪环境的不同可以分为高山滑雪和低山丘岭地带的越野滑雪。高山滑雪刺激性强，危险性高，对技术、服装装备的要求也很高；越野滑雪是适合大众参与的滑雪类型，危险性相对较低，对于服装的要求也相对没有高山滑雪那样严苛。

滑雪服的色彩设计既要有户外运动服装共有的多鲜艳色彩的特色，又要有其特殊的功能性要求。作为户外运动服装中的一种，滑雪服色彩设计应该体现运动员的精神面貌，使滑雪者显得健美、朝气蓬勃。图2-44中，几款滑雪服分别对红色、荧光绿和亮黄色的运用，搭配无彩色的白色、灰色、黑色，使服装色彩鲜明、醒目，穿着者显得精神十足。另外，近几年国际时尚品牌推出的滑雪服系列，对滑雪服的色彩起到了时尚性的引导作用，黑色与白色也被较多的用于滑雪服的设计中。图2-45中，白色为主色的滑雪服与黑白图案的滑雪服，使功能性的滑雪服装充满了时尚感。在同一件滑雪服上做拼色，既可以弥补单色的单调感，又可以突出重点，引人注目，体现色彩的节奏感，把握整体的色彩呼应，还可以影响整体的形态，满足个人形体穿衣需要。对于滑雪运动服装色彩的搭配来讲，把握好鲜艳色彩的搭配，使服装色彩产生整体的协调、统一感，避免凌乱感、轻浮感，是滑雪服色彩设计的关键所在。图2-46是多种色彩在滑雪服上的搭配应用，同色系、对比色系及与无彩色的搭配方法的运用获得和谐的色彩搭配效果。

图 2-46　多色彩滑雪服的色彩搭配

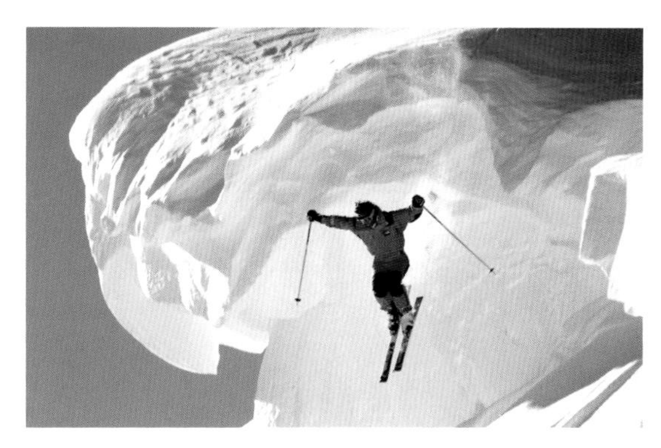

图 2-47　滑雪服装与滑雪环境

滑雪作为严寒环境中的运动，其服装的色彩要尽量让人觉得温暖。在白雪皑皑、气温较低的环境里滑雪，冷色调的服装色彩会使人感到更加寒冷，容易使肌肉和大脑僵硬。而橙、黄等暖色容易使人产生温暖兴奋感，减少紧张感，从而迅速投人到运动中。滑雪服色彩的另一个重要功能特点是要满足安全性的要求，这是因为室外滑雪场有较多阻挡视线的障碍物，在滑雪速度较快的情况下，比较容易发生人员间的碰撞;高山滑雪时，有时会发生雪崩，而醒目的服装色彩则有助于形成良好的视觉焦点，引起注意，以便及时采取营救措施。在色彩设计时，滑雪服应选择传播性能好的色彩，通常暖色、纯色、明亮色、强烈对比色具有前进感、膨胀感，可见性强，具有警示效果。在滑雪服色彩设计中，这类色彩被使用的频率较高。滑雪服装色彩的警视作用要求其与环境色彩形成强烈对比（图2-47）。

图 2-48　男式徒步、探险、溯溪、露营等运动服装的配色

（3）徒步、探险、溯溪、露营服装

徒步、探险、溯溪、露营几种户外运动类型的服装，在大多数的情况下都可以通用，除非特殊环境下才会用到相应特殊的服装，这些运动服装色彩方面更是因环境的相似性而具有相近的特点。这些户外运动服装的色彩比较丰富，有可以适应各种不同环境的色彩搭配方案，在进行色彩搭配时，应根据出行的具体环境作出相应的选择。随着户外运动的普及，越来越多的人在城市的日常生活中也会穿着此类服装，所以对色彩方面的要求还需更多地考虑时尚因素。图2-48中是适合这些运动的男式服装色彩搭

配方案，对于前述3种色彩搭配的方法均各有体现，其中暗绿色与无彩色黑色的配色具有一定的休闲性，比较适于日常的穿着。图2-49是运用了前述3种色彩搭配方法的女式户外运动服装的色彩搭配方案，既适合户外运动所需的色彩功能要求，又具有一定的时尚性，其中多色块的拼块设计、印花纹样的设计及格子衬衣作为日常休闲服装穿着也颇具美感。

图 2-49-（1） 女式徒步、探险、溯溪、露营等活动服装的配色

图 2-49-（2） 女式徒步、探险、溯溪、露营等活动服装的配色

徒步也可称作远足，即以步行的方式有目的在山野间或乡村进行中长距离的行走。由于短距离徒步活动比较简单，不需要太讲究技巧和装备，经常也被认为是一种休闲的活动。但中长距离的徒步对装备和服装就会有不同程度的要求。徒步根据环境的不同可以分为城郊、乡村、山地、丛林、沙漠荒原、雪原冰川、峡谷、平原、山岭、长城、古道、草地、环湖、江河等很多分类，在有些区域，徒步者进行的是穿越活动，即以徒步行走的方式去完成起点到终点的穿越里程。途中可能经过以上的某种区域甚至多种区域，路途远、用时长、环境复杂的徒步穿越是对穿越者体能、野外生存技能和服饰装备的综合考验，在某些未知区域的徒步穿越同时也是探险的过程。由于徒步运动所涉及的环境非常多样化，选择服装色彩时应根据实际情况，考虑到户外运动时服装色彩的易辨识性和与环境色彩相和谐的原则进行选择。如果只是短途的徒步活动，只要普通的休闲运动服装就可以满足需要时，色彩则可以根据自己喜好随意选择（图2-50）。

图 2-50-（1） 徒步服装色彩与环境色彩

图 2-50-(2) 徒步服装色彩与环境色彩

户外探险是指对某一未知的环境进行探索发现的活动，其过程存在很多预料不到的事情甚至危险。探险其实是个包容性很强的叫法，因为很多的户外活动实际都属于探险活动，大体可以分为以户外运动方式命名的探险和以目标环境命名的探险。例如前面所提到的登山探险和徒步探险即是以运动方式命名，涉及到的服装及色彩也与相应的户外运动方式的要求要相同。除此之外，以目标环境命名的户外探险，则会对服装及色彩有其各自不同的要求，例如洞穴探险一般都是黑暗的环境，服装不应选择黑色或暗色系，应尽量选亮度高的颜色，并且服装上要带有反光材料；极地探险在白色的冰天雪地中进行，色彩选择应倾向于暖色系；丛林探险从户外运动安全的角度，最好避免选择绿色、浅黄色等难以发现的颜色，但从保护生态的角度，最好采用与环境色相仿的迷彩色以免惊吓生活在丛林中的各种动物，选择时应根据实际情况进行取舍；沙漠探险则需避免选与沙漠颜色相同的色系，尽量选择红、橙、蓝、绿等有彩色；海岛探险则需根据每个海岛的实际情况，依据户外运动对服装色彩功能性的要求进行选择。

溯溪一般也都是变相的登山过程，只不过所走的路线是沿着山间的溪流，达到山之巅，溯溪运动，以征服溯源登山过程中遇到的各种地形上的障碍为乐趣。过程中即有急流险滩，又有深潭飞瀑，复杂的地形环境是对登山者户外综合能力的考验，过程中游泳、登山、攀岩甚至攀冰等各种技术对相应的服装及装备的要求也各不相同。色彩方面，因溯溪与登山对服装色彩的要求有共通之处，所以鲜艳、醒目的彩色的功能性同样适用于溯溪运动。但溯溪所处的环境多有水有植被，多岩石，色彩丰富，所以也要避免绿色、灰色、白色等与环境色相近的颜色。

露营是一种暂时在野外过夜的行为。通常居住在临时性的或移动性的住宿设施中。露营有很多种，但在户外运动的范畴中，它虽是户外运动的一种类型，却通常都是与其他户外运动结合的，比如长途徒步的夜间在野外某处扎营休息，或登山过程中扎营休息。所以露营实际上不能算作一种独立的户外运动类型。因此，其对服装色彩的要求，除了服装尽量带有反光材料外，其他是与户外运动方式对服装色彩的要求相同的。

（4）攀岩、攀冰服装

攀岩与攀冰都属于从登山运动演变来的，并且几乎都需与登山结合进行，更是攀登高山、雪山的必修科目。其服装色彩与登山运动有相似性，但也有许多其各自的特点。

攀岩者凭借其专业的技术攀爬在岩石峭壁上，为没有生机的岩石带来一抹色彩，就像一朵开在峭壁上的美丽花朵。攀登运动的高难度和登山者看似轻松、准确的腾挪、移动给能人以美的享受，所以攀岩被誉为“岩壁芭蕾”。明亮、跳跃的色彩更能增加攀岩过程的美感，同时适当的色彩还能振奋攀岩者的精神，使其保持攀到岩顶的信心，以减少失败的危险，例如橙色能够使人产生愉快、积极的心态，绿色能缓解攀岩者长时间面对岩壁的视觉疲劳（图2-51）。鲜艳、明亮的色彩在攀岩服装中是可以较多使用的颜色，灰色、土色等与岩石同色的色彩则要尽量少用。另外攀岩过程中，攀岩者一般会携带一些装备和工具，例如镁粉袋、快挂等，这些悬挂腰间的小装备同样是色彩的构成部分，可以尽量选择与服装搭配和谐的颜色（图2-52）。

图 2–51　色彩鲜亮的攀岩服装

图2-52　攀岩服装色彩与岩壁色彩

攀冰是在利用完善的装备攀爬在白色乃至透明的冰瀑或冰柱上，冰面光滑、陡峭，气温寒冷，极其考验运动者的胆量性和意志。虽然攀冰时，运动员的主要精力都集中在攀爬上，但服装色彩能起的作用也是不能忽视的。毕竟在单色的视觉环境中，鲜艳的彩色可以调节攀爬者的心情甚至生理反应。寒冷的环境适宜使用能够产生温暖感的暖色系，如红、橘、黄、紫红等鲜艳的色彩，稍暗一些色彩可以帮助吸收阳光热量，尽量少使用蓝色、银色等冷色，不要使用全白色，但冷色和白色可以作为辅色以对整体色彩进行装饰或调节。所以，攀冰服装仅就色彩来讲，与登山服装和滑雪服装的色彩是有相似之处的（图2-53）。

尽管美观的色彩搭配是需要的，但能够保证攀岩或攀冰者的成功攀登和安全才是最重要的。所以，从色彩心理学的角度对这些极限运动的服装色彩进行合理的设计与选择是有实际意义的。

图2-53　攀冰服装色彩与环境色彩

（5）骑行服装

骑行也属于户外运动的一种类型，场地既包括人工修建的公路，也包括天然的山地，工具包括自行车和摩托车骑行。骑行运动员为了提高成绩，同时也为了骑行过程中对身体有更好的防护作用，人们在不断地研究与开发最适合骑行运动的功能性专用服装——骑行服。自行车骑行服一般都是弹力大、紧贴身体的造型，以减小阻力，气温低时增加保暖外套；摩托车多用防风机车夹克。

通过对骑行服装合理的色彩设计，可以影响骑行者的情绪，增强自信，进而影响其生理反应，以保持骑行时的最佳状态，这是骑行服装色彩设计的关键影响因素。骑行服可以通过各种直线或曲线的分割，并配以多种相邻色或对比色的拼接使其更具美观性和时尚性，图2-54是女式与男式骑行服的色彩设计案例。

图 2-54-（1） 男女骑行服的色彩设计方案

图 2-54-(2) **男女骑行服的色彩设计方案**

鲜亮、醒目的色彩容易被辨识和记忆，公路骑行高速时可以被快速聚焦，从而减少互相碰撞。野外或山地骑行环境丰富多变，有多植被区域、有雪山、有戈壁滩甚至是荒漠，根据环境及气温的不同对骑行服装的色彩予以相应的选择是必要的。天气炎热的季节或地区，骑行服可以使用冷色系以给骑行者清凉的心理暗示。高山及冬天等寒冷的环境中，暖色系的使用对于骑行者的心理和生理反应有更多帮助。在竞赛性的骑行中，服装色彩的团队统一性、易辨识性、易记忆性都是重要的性能，能帮助观众对团队的记忆，并能让运动员之间互相迅速辨认，所以，这时的骑行服装色彩就要突显个性。大面积高纯度的色彩、对比色的色彩组合和独特醒目的图案色彩等的运用，可以增加个性并且利于辨识和记忆（图 2-55）。

图2-55-(1) **骑行服装色彩与环境色彩**

图2-55-(1) 骑行服装色彩与环境色彩

第三章　运动服装的材质设计

服装材质指服装设计所使用的主要面料与辅料，运动服装面料的材质与其他服装不同，运动服装所选的面料主要以高性能材料为主，这一类材料根据不同的穿着环境与运动项目特征，分别具有防风、透气、散热、速干、保温、防晒、抗菌等性能。运动服装的科技含量高低决定了其在市场上的销售业绩，直接影响品牌的形象。

了解面料性能与运动的关系，了解纺织新技术的应用，对设计出合理的运动服装是十分有必要的。除了要了解面料的性能、成分和重量，还要对面料性能的测试方法和标准有所了解。面料的不同成分和比例影响面料的性能和外观，面料的手感和重量也会影响到服装整体的舒适性和防护性。为满足人们对运动服装材料性能和美观的要求，新型的技术和设计在不断地应用，运动服装材料的发展和创新包含了大量的新技术，这些都需要不断地更新对面料的认知，在设计中进行合理的运用。

专业运动服装在材质的选择与设计上，主要从舒适性、防护性及美观性等几个方面综合进行考虑，要针对各项运动不同的运动特征而选择具有不同性能的材质。

一、运动服装面料的种类及特征

运动服装主要的面料材质以天然纤维和化学纤维为主。天然纤维是由植物纤维、动物纤维制成，具有较好的透气吸湿性，与人体接触时的触感较好，亲肤性能好，适合贴身穿着，因此适合于用来设计制作贴身穿着的内衣等。代表性的天然纤维主要包括棉、麻、羊毛及保暖性能最好的羽绒等。当前运动服装另一常用面料是化学纤维。化学纤维中的人造纤维是利用天然高分子物质或者合成高分子物质，经过化学工艺加工制成的纺织纤维的总称。人造纤维是化学纤维中主要的纤维品种，是采用富含纤维素和蛋白质的天然高分子物质为原料加工制成，例如人们所熟知的天丝（Tencel）。而化学纤维中的合成纤维因其具有特殊的性能特征对于功能性纺织面料的发展起到了直接而关键性作用。代表性的化学纤维例如有锦纶、维纶、涤纶、氯纶、腈纶等。

1. 运动服装材料的基本原料

（1）棉

可以说是世界上使用之最为广泛的服装纤维了。它是取自棉籽之纤维，以采摘处理、轧棉、梳棉、拼条、精梳、粗纺、精纺成棉纱再由棉纱织成棉布。

1）优点

吸湿力强：棉纤维是多孔性物质，内部分子排列很不规则，且分子中含有大量的亲水结构。

保暖性：棉纤维是热的不良导体，棉纤维的内腔充满了不流动的空气，穿着舒适，不会产生静电，透气性良好，防过敏，容易清洗。

2）缺点

易皱：棉纤维弹性较差。

缩水率大：棉纤维有很强的吸水性，当其吸收水分后令纤维会膨胀，引致棉纱缩短变形。

霉变：在潮湿的状态下，如遇细菌或真菌，棉纤维会分解成它们喜欢的营养物质——葡萄糖，使面料发霉变质。

排湿性差：尽管吸湿力强，但不易干燥。

棉纤维如长时间与日光接触，强力降低，纤维会发硬发脆，如遇氧化剂、漂白粉或具有氧化性的染料，也会使纤维强力下降，纤维发脆发硬。

（2）羊毛

羊毛是天然动物纤维，在没有特别注明的情况之下它是指剪自羊身上的毛。纤维由蛋白质构成，纤维外有如鳞片状的结构。不同羊毛的性质取决于其纤维粗细度及不同的鳞片结构。纤维越细及纤维表面越平滑，所织出的衣服手感就越好。

1）优点

高吸水性：羊毛为非常好的亲水性纤维，穿着非常舒适。

保暖性：因羊毛具有天然卷曲性，可以形成许多不流动的空气区间作为屏障，是高档保暖层的理想用料。

耐用性：羊毛有非常好的拉伸性及弹性恢复性，并具有特殊的毛鳞结构以及极好的弯曲性，因此它也有很好的外观保持性。

2）缺点

毡化反应：它是羊毛独特且重要之特征，是羊毛纤维表面的毛鳞造成的现象。当羊毛表面之毛鳞遇到机械力（振动摩擦以及压力等）、热和水等条件后，羊毛则往其根部下沉。羊毛下沉的同时，因毛鳞边缘相互勾住，而纠缠至无法恢复至原来之长度尺寸。因而产生严重的收缩。在极度条件下，羊毛可收至原来尺寸的一半（在制衣中，一般缩80%为正常）。另外，羊毛容易被虫蛀，经常摩擦会起球。若长时间置于强光下会令其组织受损，且耐热性差。

（3）涤纶

合成纤维是由高分子化合物制成，涤纶为其中之一种，它又叫聚酯纤维。

1）优点

强度大、耐磨性强、弹性好、易干，耐热性也较强。

2）缺点

分子间缺少亲水结构，因此吸湿性极差，透气性也差。由它纺织成的面料穿在身上会发闷、不透气，舒适感一般，而且易起毛、结球。

（4）锦纶

也叫尼龙，面料以其优异的耐磨性著称，它不仅是羽绒服、登山服衣料的最佳选择，而且常与其他纤维混纺或交织，以提高织物的强度和坚牢度。

1）优点

耐磨性能居各类织物之首，耐用性极佳。吸湿性在合成纤维织物中属较好品种，因此用锦纶制作的服装比涤纶服装穿着舒适些。锦纶织物属轻型织物，在合成纤维织物中仅列于丙纶、腈纶织物之后，因此，适合制作登山服、冬季服装等。锦纶织物的弹性及弹性恢复性极好。

2）缺点

小外力下易变形，故其织物在穿用过程中易变皱折。锦纶织物的耐热性和耐光性均差，在穿着使用过程中须注意洗涤、保养的条件，以免损伤织物。

2. 运动服装材料的选择原则

运动服装面料是功能性与时尚性的结合，对面料的选择大致要符合以下4点要求：

（1）科技性

运动风格服装因为保留了运动的特点，所以面料需要具有与运动相适应的弹性、活动性、拉伸性、耐磨性、断裂性，这就要求运动风格服装的面料要有一定的科技含量。

（2）舒适性

如果功能性是运动服装的使命，那么舒适就是运动风格服装的最终落脚点。运动风格服装的面料一定要舒适，这也是对于运动风格服装最基本的要求，为了增加这种舒适性常采用一些网眼的面料增加透气性，达到快速散热的作用。

（3）防护性

穿运动裤在体育馆的地板上滑动时，裤子与地板剧烈摩擦后会发热，容易发生合成纤维的熔融事故，这样就必须在运动服装的里层组织中采用天然纤维针织物，以防止灼伤，同时又要求具有良好的抗静电功能。

（4）实用性

运动服装的面料要持久耐用，不可以使用如蕾丝或桑蚕丝一样纤细，那样就容易刮烂或脱丝，不能正常地完成运动。

3. 运动服装材料的常见品种

（1）涤盖棉面料

涤盖棉面料一直广泛应用于运动服装设计，它是采用涤纶与棉纱交织而成的针织面料。涤纶纤维强度高、耐磨性好、坚牢耐用、挺括抗皱，洗涤后可免烫，保形性好，但是透湿性、透气性差，而棉纤维具有很好的吸湿性和透气性。这种面料发挥了涤纶和棉织物各自的优点，是运动风格服装常用面料，除满足功能性需求外，将这种面料染上当下流行的颜色、花型和图案即可成为流行性面料，因此使用较为广泛。

（2）网眼面料

网眼面料分为经编网眼和纬编网眼面料两种。纬编针织网眼是采用罗纹集圈或者双罗纹集圈组织编织而成。罗纹集圈形成的网眼是用途较广泛的一种，常用在领口、袖口，面料的透气性好，并且十分轻薄、易洗易干、外观挺括，是运动服装上常见的一种面料。由于网眼面料的开发较多针对服装的功能性需求，所以能够较明确地表现运动风格特征，近年颇受各大品牌青睐。

图3-1　起绒针织布运动服装

（3）起绒针织布

起绒针织绒布表面覆盖有一层稠密、短细绒毛，因此称为起绒针织布。起绒针织布分为单面起绒和双面起绒两种，根据所用纱线的细度和绒面的厚度，又可分为细绒、薄绒和厚绒等种类。起绒针织面料手感柔软、质地丰厚、轻便保暖、舒适感强，是套头衫、连帽运动衫经常使用的面料，由于比较厚实温暖，秋冬季的运动服装常使用这种面料进行设计，风格强烈且实用（图3-1）。

（4）防水透湿复合面料

防水透湿复合面料是将聚四氟乙烯微孔膜与服装面料相复合所制成，具有防水性、透湿性等特点（图3-2）。这一类材料主要被用于解决防水问题，材料通过后整理、涂层、膜复合后可以减少水、风入侵面料内部。但缺点是材料的透气性较差，不适合在温度极低的严寒环境下穿用，以免造成汗气滞留于外衣内部使穿着者身体更加寒冷。设计师在运用这一类材料进行设计时，必须结合服装材料的防风性、防水性、保暖性、透湿性几个方面的因素综合考虑，使其专业性、功能性更强，将其运用于运动风格服装设计中，用来表现运动风格专业性的要求。

（5）超细面料

超细面料的特点是又轻又薄、速干、抗污性较好，在春夏类的运动服装中使用较多，例如当前较为受欢迎的皮肤风衣、超细针织功能内衣等。由超细纤维制成的运动服装由于纤度极细，制成服装后的手感柔软、光泽感好，具有良好的吸湿散湿性，而从外观上来看，这种面料制成的服装往往呈半透明状，配合运动服装的结构线装

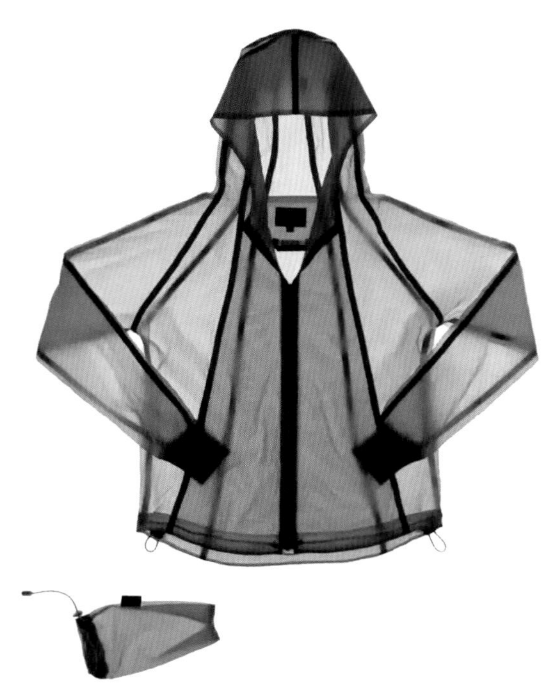

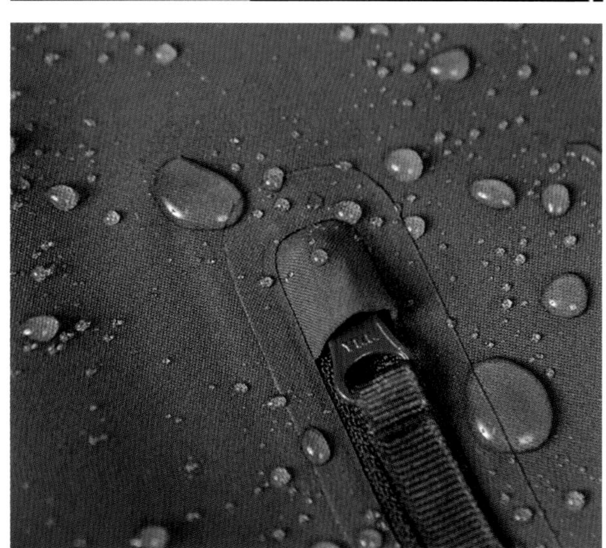

图3-2 防水透湿复合面料

饰设计、激光切割等细节设计，具有非常完美的时尚外观效果。图3-3是英国设计师Christopher Raeburn以持续性设计为主题而开发的户外运动产品。

图3-3 英国设计师Christopher Raeburn设计的运动衣

二、运动服装的常用辅料

服装的细节设计越来越能体现服装的精髓，所以在一些细节上也可以充分地体现运动风格这一元素。区别于其他类型及风格的服装，拉链、钮扣、Logo等都是设计风格的体现。

1. 运动服装辅料的选择

较为专业一点、功能性较强的运动服装例如阿迪达斯、耐克等会选择专业运动服的辅料，专业运动服的辅料会加强服装的机能性，辅料主要包括里料、填充料、粘合料、拉链、纽扣、装饰等。

2. 时尚运动服装辅料的选择

时尚运动服装辅料选择主要考虑功能性与时尚性的结合。功能性是运动服必不可少的，例如防静电、防寒保暖等，在设计时可以保留一部分功能性，同时又考虑时尚性，如用轻巧又保暖的压缩棉作服装填充物来表现时尚，或者是配很精致的金属拉链头来表现，时尚性的运动辅料往往可以起到画龙点睛的作用。

（1）数字、盾牌、Logo

数字、盾牌和条纹都是可以表现运动风格的图案，通过不同质地和造型展现在衣服的不同部位，传递时尚的信息。如，黏钻的数字或亮片镶嵌比较多地运用在运动风格服装中，将华丽与运动相结合。盾牌则较多地运用在手臂侧部或胸前，一般多为机绣或贴布，海军、赛车、动物图案较为流行，动感帅气。条纹的运用则注重蕴涵舒适、自然的时尚运动理念，充满朝气和活力。这些都是运动服装的一个符号，生活类运动服装的细节时装化加入，成为个性化的运动服装设计（图3-4）。

图3-4　数字、盾牌、Logo在运动服装中的运用

图3-5　Adidas By Stella Mc Cartney 2015年春夏设计

图3-6　时尚泳装设计中蕾丝的点缀与拼接

（2）蕾丝

近几年，女装中常用的蕾丝也被常常用到生活类运动服装中，精致的剪裁加上蕾丝点缀，常与针织面料拼贴使用，既能表达运动精神又能表现浪漫高贵的气息。蕾丝用于运动服装时，需要注意运动服装的结构以适应各种不同运动的需要，尽量避免使用在胸部、肘部、臀部等部位，而大多运用在细节部分，运动风格正是通过这些细节设计来传递时尚。图3-5是Adidas By Stella McCartney 2015年春夏设计，上衣采用蕾丝与针织运动面料相拼接的形式。图3-6是采用了蕾丝与针织面料拼接设计的泳装。

（3）拉链

拉链由于穿脱的方便性成为运动服装主要的连接辅料，拉链的设计更有想像空间。拉链除了替代扣子,还可以开发出其他用途。拉链的码带、扣齿、拉头的尺寸可以根据衣服的款式有所变化，质地也有金属、尼龙、塑料等，应用的位置也十分广泛，可以运用在袋口、袖口、裤脚口、领口、门襟等处。运动服装对于辅料拉链的应用广泛，主要通过装饰效果、运用部位、功能性的满足等方面体现风格（图3–7）。

（4）绳带

抽绳是运动服装极具特色的设计元素，集功能性和装饰性于一身。运动服装中可用抽绳的位置很多，比如帽绳或腰绳，其主要目的是将宽松、舒适的运动服装根据自身情况进行位置、大小、松紧、开合的调整，以达到美观的效果。运动风格服装对于抽绳的运用十分普遍。主要用于连衣帽、裤子腰头、领子、下摆、裤腿等处，材质与服装面料不尽相同。与运动服装不同的是，运动风格的休闲装更多的是用抽绳做装饰，通过丰富的变化表现运动风格特征，而实际的功能性作用则相对较弱（图3–8）。

三、运动服装的面料设计

1. 网眼织物的设计运用

网眼织物历来都是运动服装的首选面料，因其具有轻薄、透气性好、易洗易干的特性，一直是运动服装设计中的主打材质。现在的网眼织物形式多样，有的薄露透，有的是规则的提花图案，近年流行的潜水面料网眼布是一种新型的复合类三明治式面料，由上、中、下三个面组成，表面通

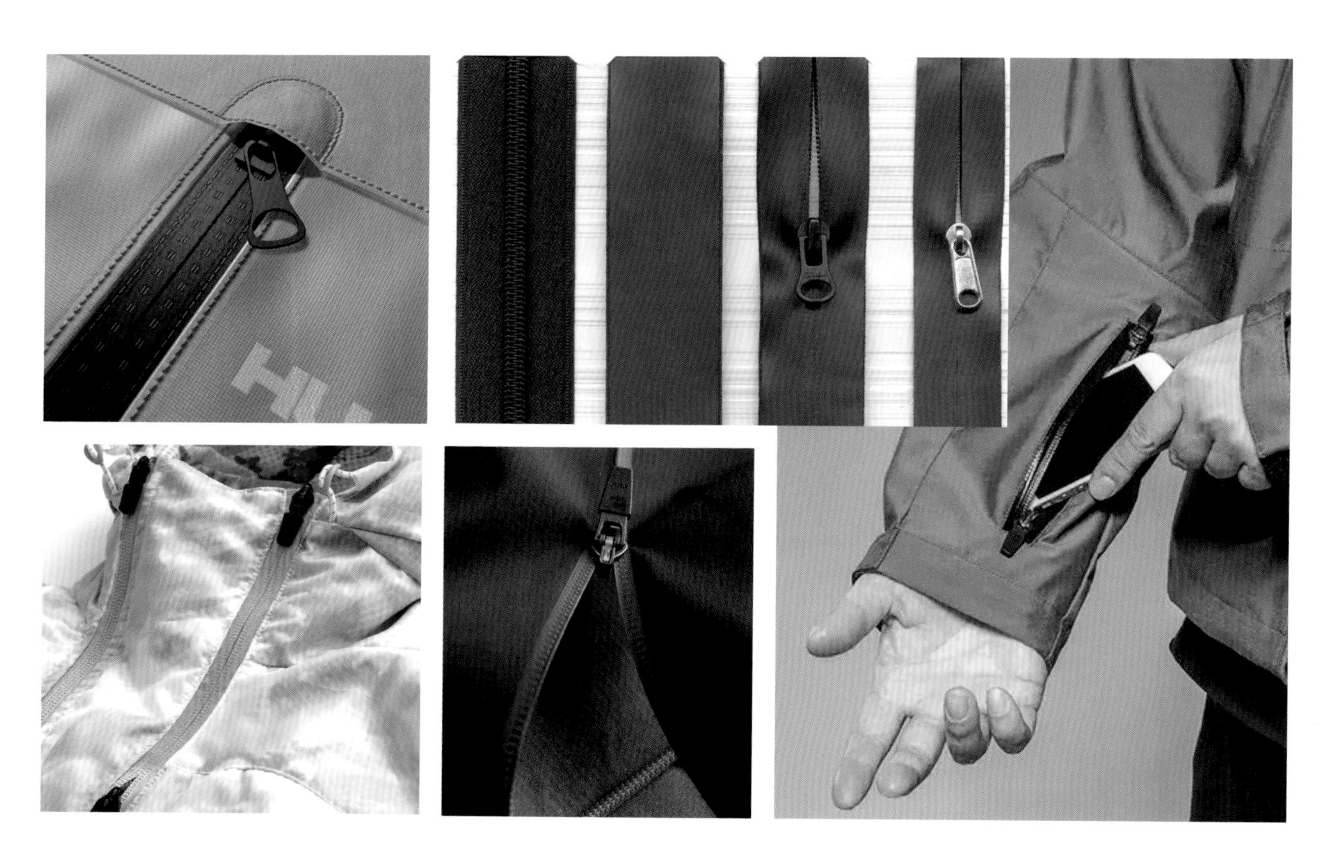

图3–7　拉链在运动服装上的运用

图3-8　绳带在运动服装上的运用

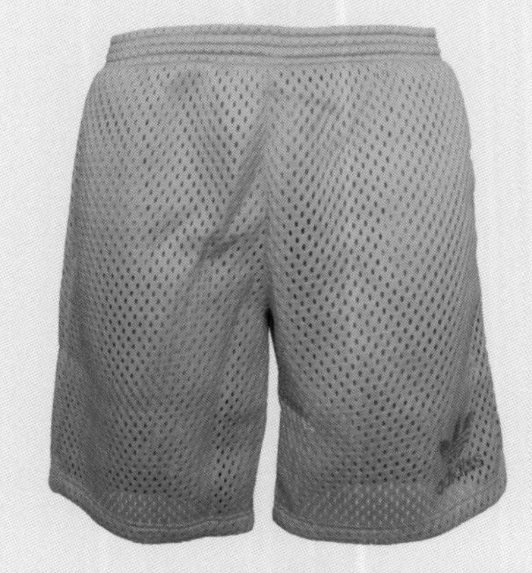

图3-9　柔软的网眼面料用于运动短裤

常为网孔设计，中间一层连接表面网眼与底层面料，表层网眼不易变形，经久耐用，增强了面料牢度和色彩度，同时又具有良好的透气性，被誉为“会呼吸的网布”，通过空气的流通，保持表面的舒适干爽。不同材质和结构使网眼织物呈现出全然不同的效果。

柔软的网眼面料常应用于紧身短夹克和抓绒面料的内衬以及背心、短裤等功能运动服之中，以增强透气性（图3-9）。

布身挺爽的网眼面料可以做出许多时尚的效果，图3-10是阿迪达斯用网眼布镶拼设计的运动服装，图3-11是Keli的一款全网眼外套。许多服装大牌也用网眼面料表现运动风格，如Fendi（芬迪）用拼接的手法，将承重性一流的网眼面料和皮草元素结合在一起，制造了一种运动的奢华感（图3-12）。Alexander wang用镂空面料做成原创网眼，好似中国传统竹编花篮一样，穿插的彩色线条编织成平面图形，超密度立体“渔网”效果打造出另类的运动风格（图3-13）。

图3-10　用网眼布镶拼设计的运动服装

图3-12　网眼与皮革结合

图3-11　全网眼运动外套

图3-13　网眼的另类运动风格

2. 面料混搭设计

在运动服装的设计中，面料混搭是一种设计手法，将各具特色和功能的两种织物运用在一件外套中，不仅在功能性上事半功倍而且不同面料带有不同的外观效果，两者互相碰撞使得服装整体产生了不同以往的外观效果（图3-14）。对这一潮流的一种演绎就是将传统棉质面料与人造皮革面料混搭，营造酷感的运动风格（图3-15）。也有将羽绒布料根据人体工效放置在核心部位，起到保暖的作用，再采用更轻的面料制作衣袖和侧面嵌片，直接在视觉上产生轻薄与厚重的对比，令消费者耳目一新（图3-16）。Nikelab X SACAI 的一组春夏设计，将有光泽的未来感面料与性感的薄纱面料混搭设计，表现出性感的运动风格（图3-17）。

图3-14　运动服装上面料混搭产生不同的外观效果

图3-17　Nikelab X SACAI 运动服装设计

图3-15　ADIDAS 传统棉质面料与人造皮革面料混搭营造酷感

图3-16　Columbia 羽绒布料与薄绒面料混合搭配产生对比

3. 面料二次设计

在运动服装流行趋势的发布中，很多品牌通过面料二次设计的手段丰富运动服装的设计，如将普通面料做成褶皱面料，这种方式首先可以增添面料质感，其次提高了面料的时尚美观性。如各种几何造型的绗缝是对面料进行二次设计的典型手法，在以保暖性为主要特征的羽绒服、棉服设计中运用很广，立体造型感突出。还有通过不同面料之间的拼接、拼缀，将不同色彩、肌理的材料组合为类似于剪贴画一般具有典型艺术性的设计，细节效果丰富。而抽缩、镂空、编织、扎染、刺绣等其他一些面料二次设计的创作手法，在运动服装的设计创新中的运用也越来越为普遍。耐克曾推出扎染面料的运动服装（图3-18）。Chanel旗下的刺绣工坊Maison Lesage就曾与法国运动时尚品牌Lacoste合作，推出了200件定制限量版的Polo衫（图3-19）。

图3-18　耐克推出的扎染面料运动服装

图3-19　Chanel旗下刺绣工坊与Lacoste合作推出了200件定制限量版的Polo衫

4. 超轻面料设计

日本第一快消品牌优衣库的高级轻型羽绒夹克在世界范围的热卖反映出消费者对于轻薄面料的偏爱（图3-20），即使在寒冷的冬季热衷时尚的年轻人也不允许自己裹在厚厚的棉衣里面。一件不仅轻便保暖而且可以随身携带的羽绒衣恰好满足消费者的各种需求，所以超轻面料无疑是未来运动型面料整体的发展趋势，许多户外运动服品牌已经朝着这个方向发展。

户外运动服中间层开始由传统抓绒衣转向超纤细抓绒内胆。另外超轻防风衣将成为未来春夏的主打单品，使用纸片般轻盈的半透明尼龙和聚酯制造而成的防风衣，同时实现防风、透气的效果（图3-21）。利用内部口袋，可轻松叠起夹克，便于储存。

另外，对超轻这一特点的追求使得激光切割细节成为很多品牌的新宠，激光切割可避免传统的缝线和拼接设计，同时精巧的激光切割气孔成为装饰的一部分，而热封激光切割边缘则减轻了服装的重量与阻力，实现服装的轻量化（图3-22）。

图3-20　优衣库的高级轻型羽绒夹克

图3-21　半透明尼龙和聚酯制造而成的防风衣

图3-22　Fred Perry 热封激光拉链

第四章　运动服装设计开发流程

服装开发流程是指发生在服装企业内部围绕新产品设计开发而展开的各职能部门内部及之间协调工作来共同完成研发任务的过程。这一过程是从各种信息资源和顾客需求输入开始，经产品设计构思、产品样品试制，取得市场信息反馈，最终获得产品定型，其中包括穿插在整个过程中间的沟通、调整与决策环节。通俗而言是指服装新一季或新一系列的产品从前期企划调研到产品设计再到产品样品制作修改选择，最后推上市场的整个过程。对于成熟的服装品牌而言，应具有严格完善的产品开发流程体系，规范每一开发环节的各项步骤。

本章以迪卡侬B'TWIN品牌的非竞技自行车运动服饰设计开发流程为参照举例，介绍国外品牌已形成的运动服装设计开发流程。

一、设计开发流程总体分析

一个世界级的产品创新流程是许多商家新产品开发活动的一个解决方法。面对日益增加的来自缩短开发周期和增加新产品成功率的压力，许多公司都在寻找新的产品流程，或称门径管理体系去管理，引导并加速产品创新活动。

典型的新产品设计开发流程分为串行化设计开发流程和并行化设计开发流程两种。串行化设计开发流程包含一系列按时间先后顺序排列的、相对独立的工作步骤，每个环节有不同的职能部门实施。并行化设计开发流程是将原有的串行化设计开发流程分解为若干个小循环，通过增加每一时刻可容纳的设计进程，使分散在各个环节的新产品开发人员及早地同步介入新产品设计开发工作，从而缩短新产品开发周期，提高其上市速度与品牌竞争力。

二、设计开发流程具体步骤

1. 前期调研

前期调研是一个新产品设计开发流程的首要步骤，也是最为重要的步骤，它奠定了新产品设计开发的一切基础，调研的成功与否将直接影响到新产品设计开发的结果。前期调研的具体实施步骤每个公司与品牌略有不同，对于迪卡侬B'TWIN品牌而言，前期调研主要分为市场调研、趋势分析、灵感版面制作和确定新产品相关概念几大块。

（1）市场调研

狭义上的市场调研是指以目标客户群的所需要求进行的市场研究；而广义上市场调研是指所有与新产品开发相关方面的一切市场调研，其中包括生产营销等领域。可以从两个方面理解广义的市场调查：从纵向看，市场调查贯穿于市场营销活动全过程，从市场研发开始，到营销战略与策略的制订，直至产品销售与售后服务，市场调研活动一直伴随始终；从横向看，市场调查领域不仅涵盖对顾客或消费者购买行为的调查，而且还涵盖了以市场为导向的企业经营环境研究、竞争对手研究、市场营销组合要素研究等方面。市场调研将引导整个产品开发的流程，因此至关重要。

对于迪卡侬B'TWIN品牌非竞技自行车运动服饰开发流程中市场调研一步主要采取一手资料与二手资料收集整理分析为主。

1）一手资料收集

在一手资料的收集中，设计师主要通过展会收集、街拍、骑行试验、问卷调查和采访相关人士等方式进行，以收集到最真实有效直观的第一手资料，将自我感受与客观事实最高效的反馈到项目设计进行中，几种调研方法往往交替进行。

① 展会收集

展会收集是通过参观专业型大规模展会收集到世界最前沿的产品设计技术信息，从中筛选项目所需的部分应用于日后设计开发中的调研手段。其优点在于可以直观的看到最新产品的外观特征，同时可以咨询现场专业人员；不足之处是受到展会现场的制约，如果展会水平高则调研有效，展会水平低则影响调研的可参照性。

B'TWIN品牌在设计开发非竞技自行车运动服饰之初，曾派出设计师、产品经理和助理参加在德国腓德烈斯哈芬举行的2011年第20届欧洲自行车展（Eurobike）。欧洲自行车展于1991年第一次举办，当时仅有268名展商参加。经过20多年的发展，2011年来自45个国家的1180名展商参加了此次展会，展商展示了各自的新品，运动、城市、比赛、折叠等自行车。通过展会中对前沿产品的拍照收集、品牌收集、纸质信息收集等方法，设计师与同行人员带回大量同类产品信息，经过设计师的归类整理分析制作成PPT，在公司新项目会议上与大家分享（图4–1）。

图4–1　第20届欧洲自行车展上收集的资料

图4-2-(1) 街拍资料

② 街拍

街拍是指在以街头巷尾为信息收集地点，通过镜头记录的方式捕捉日常客户群的生活骑行状态。街拍的优点在于可以近距离地接触目标人群，了解其骑行状态，以最真实的图片呈现调研结果；不足在于具有时效性，仅仅代表当年或是当季的状态，没有更多的沟通交流，从而无法更深入了解客户群的内在需求。

B'TWIN品牌针对街拍调研特别派出新项目设计开发团队在法国里尔、巴黎等城市进行街拍收集，团队以骑行的方式融入被街拍的人群，在骑行、等交通灯、停车等瞬间抓住机会拍摄日常消费者的骑行状态，记录下不同年龄、性别人群对于非竞技状态下骑行所采用的自行车款式、穿着、配饰、神态等信息。街拍结束后，几路人马将照片汇总整理，分享给新项目团队作为备用信息（图4-2）。

图4-2-(2) 街拍资料

③ 骑行试验

运动服饰不同于一般时装，运动时穿着的舒适性极为重要，非竞技自行车运动服饰虽没有竞技运动服装对于功能性的高要求，但是穿着的美观性、功能性同时辅助运动的要求也必须满足，为了达到最佳的骑行穿着感受，新项目设计开发团队亲自进行骑行试验。骑行试验是设计团队成员亲自进行项目设定范围之内的骑行活动，通过骑行的过程感受骑行的真实状态，由自身体验出发发现在非竞技自行车运动状态下可能存在的和急需解决的问题。骑行试验的优点在于切身体验之后，开发团队可以及时准确地发现和预测开发过程中可能存在的问题，使之后的工作目标明确；其不足在于骑行试验的时间以及周围环境有限，无法发现在各种条件下骑行的所有问题。

B'TWIN品牌在进行前期调研的过程中，在特定的时间内专门要求项目设计团队的主要成员和产品部门的主要人员进行非竞技状态下的骑行试验，以冬季作为大背景，在里尔城市主要街道进行骑行。通过亲身体验，所有团队成员都对即将开发的项目有了更加明晰的认识和目标。骑行结束后参与者各自提出自己的感受及想法，最后设计师将所有感受汇总，放入项目公共资料库。

④ 问卷调查

问卷调查是市场调研中常用的一种调研手段，根据新产品设计开发需要了解的问题制定针对性强的问卷，为确保回收后的统计数据具有普遍性和代表性的参考价值需发放一定数量。其优点在于可以大范围的广泛发放问卷，调研范围无限扩大，不受地域限制；不足之处在于范围非常广，调研问卷的质量和真实性不可控制，可能会对调研结果有部分影响。

在迪卡侬公司内部，调研问卷由公司CCU部门统一进行，设计团队将需要提问的内容传达给CCU部门，由该部门拟定问卷、发放问卷并回收，统一整理分析后转交给新产品设计开发团队作为参考。

⑤ 采访相关人士

采访是以面对面的形式进行，设计开发团队事先拟定好需要采访提问的问题，之后邀请与新项目开发有密切相关性且具有代表性的人士进行采访，采访期间应注意信息的收集，可采用笔记、拍照、摄像等方式做好采访记录工作。其优点在于与通过直接的问答第一时间记录被访者的第一反应和感受，捕捉到被访者回答中的各个细节；不足在于采访耗时长投入大，被访者的数量和范围不易增多和扩大。

B'TWIN品牌在设计开发非竞技自行车运动服饰这一新项目的过程中邀请了喜爱骑行的时尚人士进行采访，采访耗时一天，通过共进早餐时的讨论、上午及下午的共同骑行和晚上的收集信息总结完成一天采访的整个过程，采访使设计团队发现了原本没有考虑到的新问题，受到启发。

2）二手资料收集

二手资料的收集主要包括网络信息调研和书籍资料整理。

① 网络信息调研

网络是一个庞大的资源库，网络信息调研通过调研主题的制定从而搜索相关方向的网络信息，通常调研的内容为同类品牌分品类产品调研、带有启发性的灵感图片和相关最新新闻信息收集（图4-3）。其优点在于操作便捷，快速高效的收集到所需主题的大量信息；不足也正是由于可搜索范围非常广泛，需要调研者前期筛检出与主题最为贴切的信息。

非竞技自行车运动服饰设计开发的过程中，B'TWIN设计开发团队一直在进行不间断的持续性的网络信息调研，随时将最新的信息收集备用，同时，在收集的过程中如果遇到非常有启发性的信息将会直接邮件群发至团队每一成员的邮箱，以便成员能第一时间看到并有所启示。

② 书籍资料整理

书籍资料整理是通过对相关书籍的查阅收获到已成为“定理”的信息，其优点在于书籍知识多数已经过时间的考验，信息可靠准确；不足在于在某些特定领域的书籍十分难找，同时还受书籍体积、价格等因素的影响。

非竞技自行车运动服饰项目设计开发中，书籍资料的整理主要以对于自行车运动和自行车运动服饰的历史资料收集。设计开发团队调动品牌所有工作人员提供相关书籍，由于很多工作人员进入B'TWIN品牌之前就是自行车运动的爱好者或痴迷者，收集了很多相关方面难得一见的书籍，同时品牌也派团队成员去书店、图书馆收集大量的书籍信息。

（2）流行趋势分析

现阶段服装流行风格的持续以及未来一段时期的发展方向，称之为服装的流行趋势。服装的流行趋势是市场经济的产物，也可以说是社会经济和

图4-3-(1) 网络信息调研

图4-3-(2)　网络信息调研

图4-3-(3) 网络信息调研

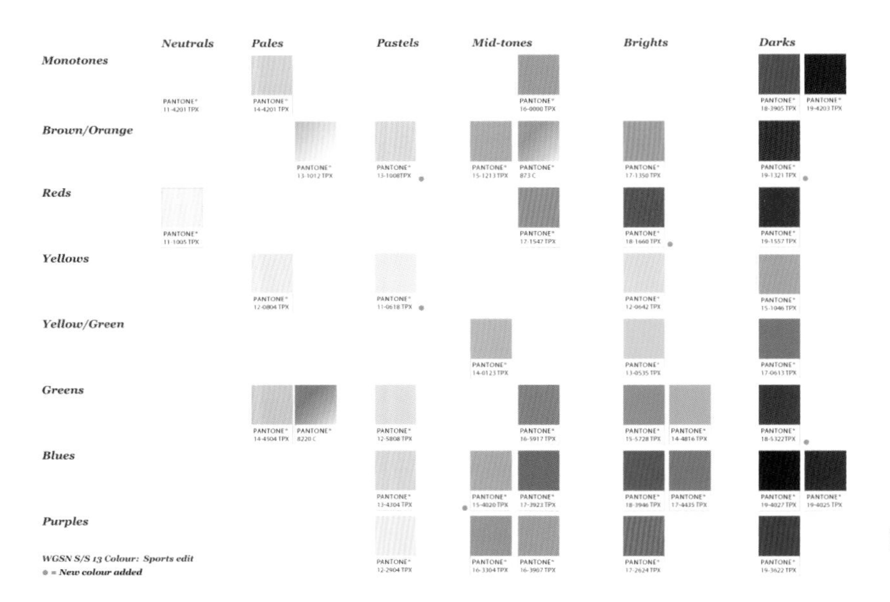

图4-4 WGSN_2013SS 运动服装流行色分析

社会思潮的产物，是在收集、挖掘、整理并综合大量国际流行动态信息的基础上，反馈并超前反映在市场上，以引导生产和消费。在非竞技自行车运动服饰项目中，流行趋势的分析包括总流行趋势的分析和迪卡侬公司内部流行趋势分析两大部分。

① 总流行趋势

总流行趋势是指当年或当季国际服装的整体流行趋势，其多发布于大型专业的流行趋势网站，例如国际常用的付费型专业趋势网站STYLESIGHT、WGSN。国际总流行趋势由专业人员收集国际各大秀场信息和相关新闻，通过分析整理得出每一季的流行趋势关键词、流行趋势版面和相关信息(图4-4)。

非竞技自行车运动服饰设计开发的前期流行趋势分析阶段，虽然属于运动服装范畴，但仍首先应对国际总流行趋势进行收集分析总结，通过掌握国际服装整体流行趋势并从中提炼出符合非竞技自行车运动服饰开发的要点，将其融合在设计开发的过程中，使产品符合整体流行趋势，增加产品的附加值和客户购买率。

② 迪卡侬公司内部流行趋势

除了总流行趋势分析，迪卡侬公司内部流行趋势也是重要的参照之一。迪卡侬内部流行趋势由单独的专业创意灵感部门HUB为公司所有激情品牌制作专业内部运动服装流行趋势，其中包括款式、色彩、材料、图案等所有与产品开发相关方面的趋势分析，其内容细致全面、针对性强。

具备本品牌的自主趋势分析团队对于一般的中小型企业是非常困难的，只有依靠外部趋势公司的资料进行再加工，而迪卡侬企业规模庞大，通过自主趋势分析团队的服务，使得品牌开发流程更加顺畅，参考性、可用性更强，同时使全部激情品牌的产品在各自独立开发设计中保持一定的联系性和呼应性，使大品牌迪卡侬的品牌形象更加独特而完整。

激情品牌之一的B'TWIN在设计开发非竞技自行车运动服饰时，按照设计开发流程需要对公司内部流行趋势进行全面的掌握，同时筛选出新产品开发所需的信息，并时刻铭记，对于设计师而言在设计的过程中要时刻提醒自己做符合本季趋势主题的设计，切不可跑题。

(3)灵感版面制作

首创灵感思维的是柏拉图，他曾说："凡是高明的诗人，无论在史诗或抒情诗方面，都不是凭技艺来做成他们优美的诗歌，而是因为他们得到灵感，有神力凭附着。"服装设计与诗歌创作都属于艺术创作范畴，道理相通，要想创作出与众不同的设计产品，灵感的寻找与提取至关重要。首先，灵感的方向决定了新产品设计的大方向，选定好的灵感不宜再更改，之后的设计都应遵循灵感启发下的方向进行延伸细化；其次，灵感同时决定了设计的部分细节，通过对灵感的剖析，选取可以直接采纳的部分作为细节设计参考，加快设计开发的效率；最后，灵感贯穿所有产品设计，使之成为相互关联的一个品牌整体。在品牌开发产品的过程中灵感版面的制作通常分为图片搜集整理和版面设计两大块。

① 图片搜集整理

图片收集整理看似简单的工作，其它需要花费大量的时间，要通过尽可能多的渠道收集到带有一定启发性图片作为本季新产品开发的灵感图库，再通过对图片的筛选确定本季的基本灵感（图4-5）。可作为灵感图片的图片首先需要具有一定的启发性，无论是图片的形式、色彩、图案或是其他的方面需要给设计师带来一定的启发，从图片灵感出发发展设计；其次图片可以是与服装相关的领域，可直接提取元素，也可是其他领域图片，丰富设计师灵感。图4-6是设计一款雨衣时收集的灵感图片，包括雨衣的一些细节灵感。

图4-5-(1)　收集灵感图片

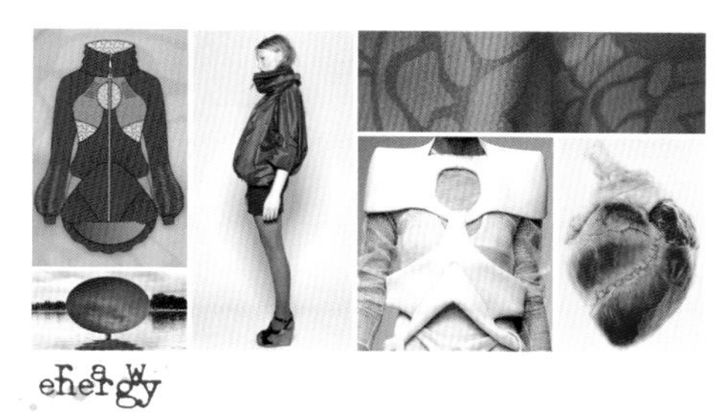

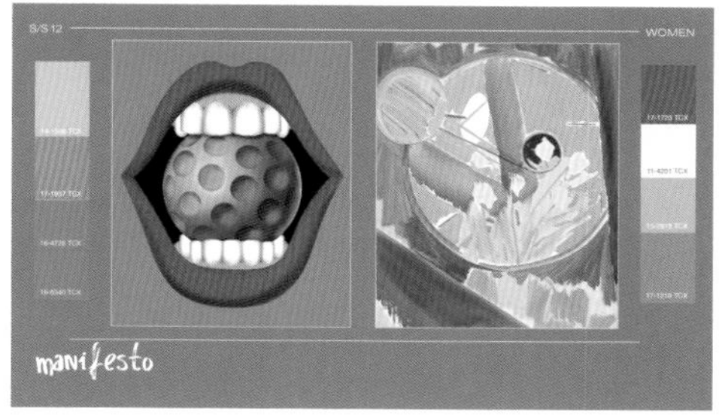

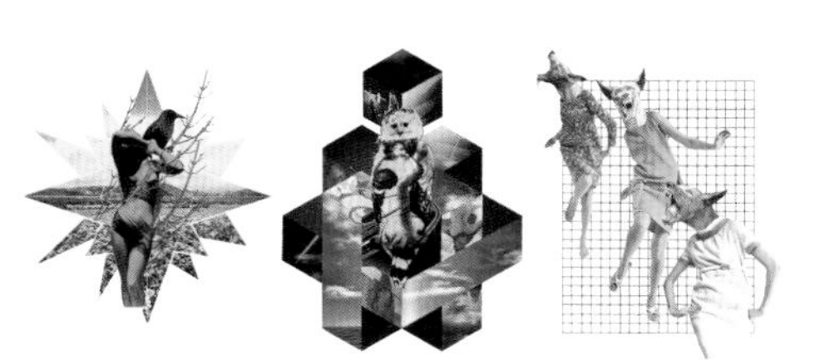

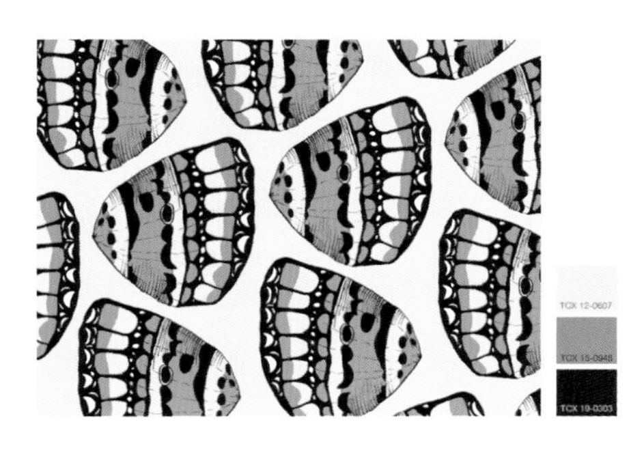

图4-5-(2) 收集灵感图片

图4-6　雨衣细节灵感图片

② 版面设计

版面设计是指图片搜集整理后针对筛选出的灵感图片进行排版设计，使本来毫无关联的灵感图片浑然一体地呈现在一张页面上。放在同一版面的图片首先应注意图片内容上的内在联系，其次是图片的构图、光影、透视的协调设计，通过裁切、放大缩小、重叠等手法将多张图片整体设计成一张完整的画面，同时传达出灵感版面所要传达出的灵感信息。在非竞技自行车运动服饰开发的灵感版面设计中，往往分为总灵感版、色彩版、廓型款式版、图案版、细节版、面料版等主要的几大版块分别呈现灵感（图4-7）。

图4-7-（1） 灵感版面（总灵感版）

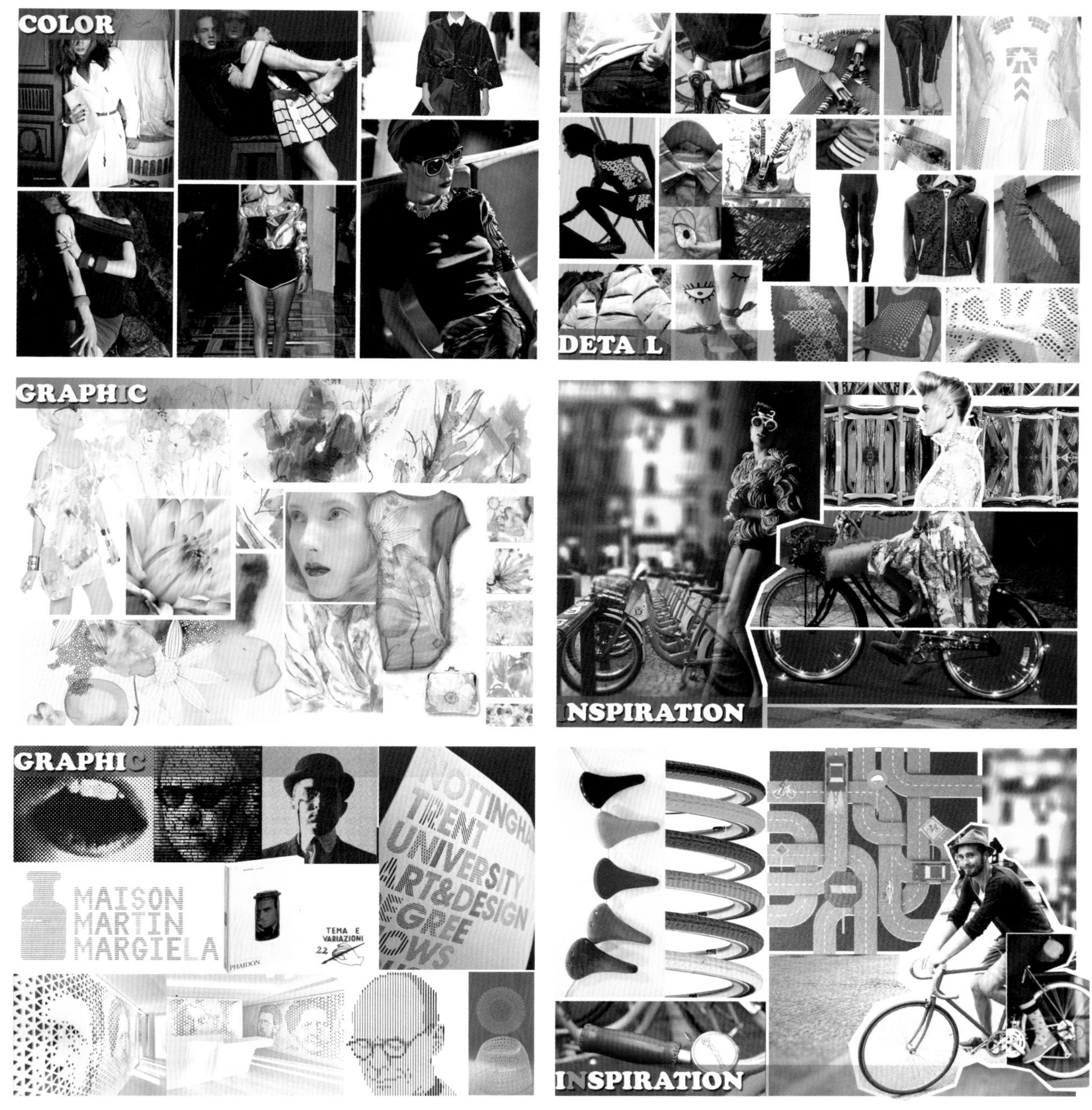

图4-7-（2） 灵感版面（总灵感版）

（4）新产品设计开发概念确定

通过市场调研、流行趋势分析和灵感版面几个步骤的准备，设计师根据自己对本季新产品设计开发的把握，对新产品设计开发的大方向已基本确定，需要收集的资料、提炼的信息已准备就绪，灵感版面也已完成，前期准备工作接近尾声，但由于设计开发概念并没有最终敲定，因此，设计师需要做好随时修改的准备。

在B'TWIN品牌设计开发非竞技自行车运动服

装前期调研阶段接近完成之时，设计师将准备就绪的全部资料在新产品设计开发会议上与团队所有成员进行分享讨论，设计经理与品牌设计经理将决定最终的设计开发概念是否可行。通过团队其他成员提出自己的意见与看法，最后设计师将保留绝大部分已完成的设计开发概念，修改部分内容。

2. 概念阶段

概念阶段是指前期调研完成后，新产品的设计开发进入深入设计阶段，将已确定的设计开发概念付诸于设计实践当中。通过概念阶段的设计确定新项目、新产品的品类设计和设计细节的选择，完成产品基本结构和设计方案。

（1）新产品品类设计确定

在这一阶段设计师将根据确定的设计概念进行非竞技自行车运动服饰新产品细化品类分类与款式分类，将所设计开发的服饰产品根据前期市场调研结果划分出具体类别，新产品的设计开发一般采用较为保守的结果，首批品类将首先选用调研结果显示最为需要和热卖的品类，不会一应俱全。在产品品类确定之后，具体的非竞技自行车运动服饰产品款式结构也随之规划出。根据确定的产品品类以及款式分类，设计师开始进行非竞技自行车运动服饰各品类款式的草图设计和首批正式黑白设计稿图（图4–8），同时在这一阶段需要确定即将采用的色彩数量，将所有信息与设计开发项目产品经理沟通确认。

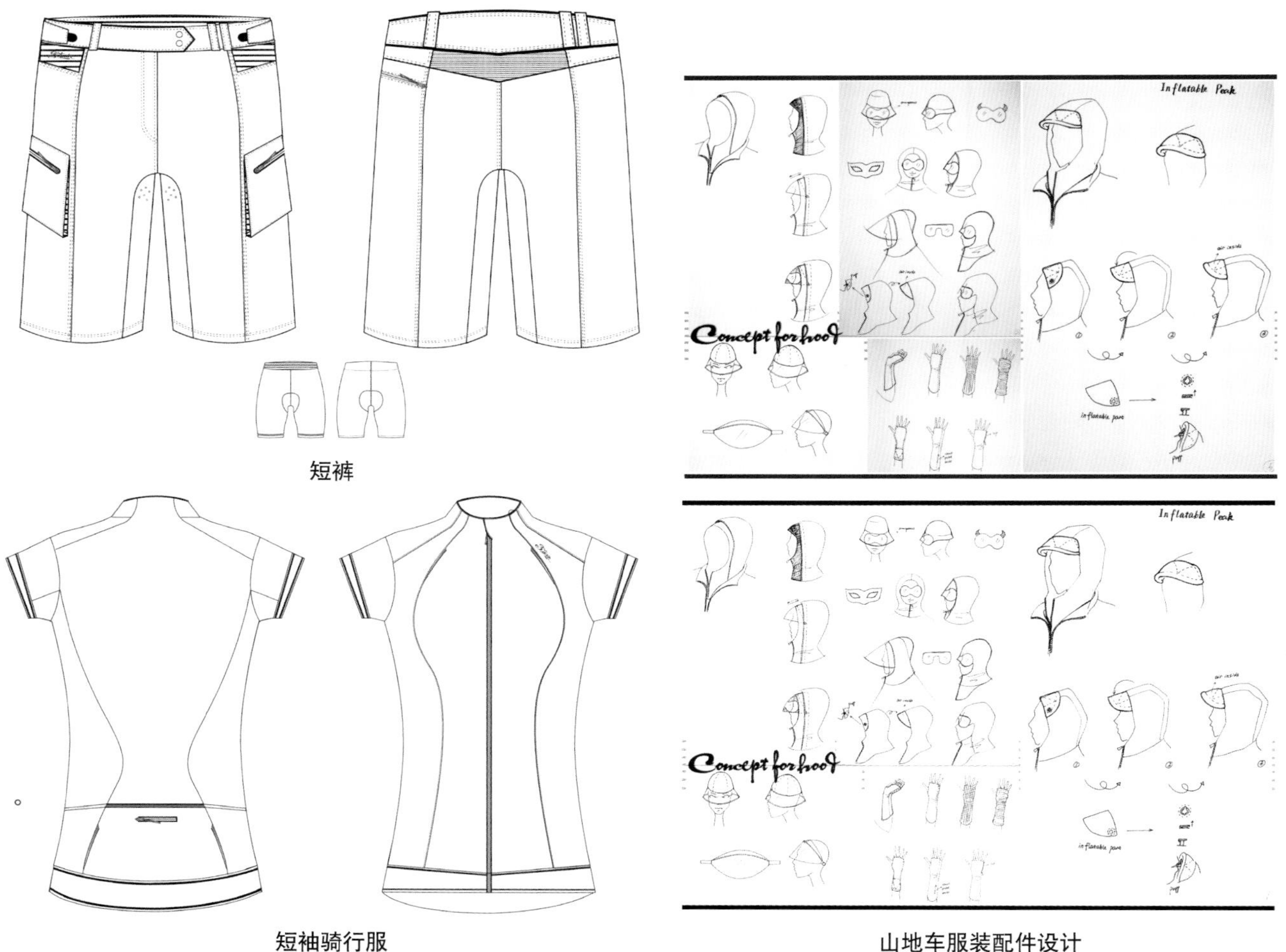

图4–8–(1)　新产品品类设计稿

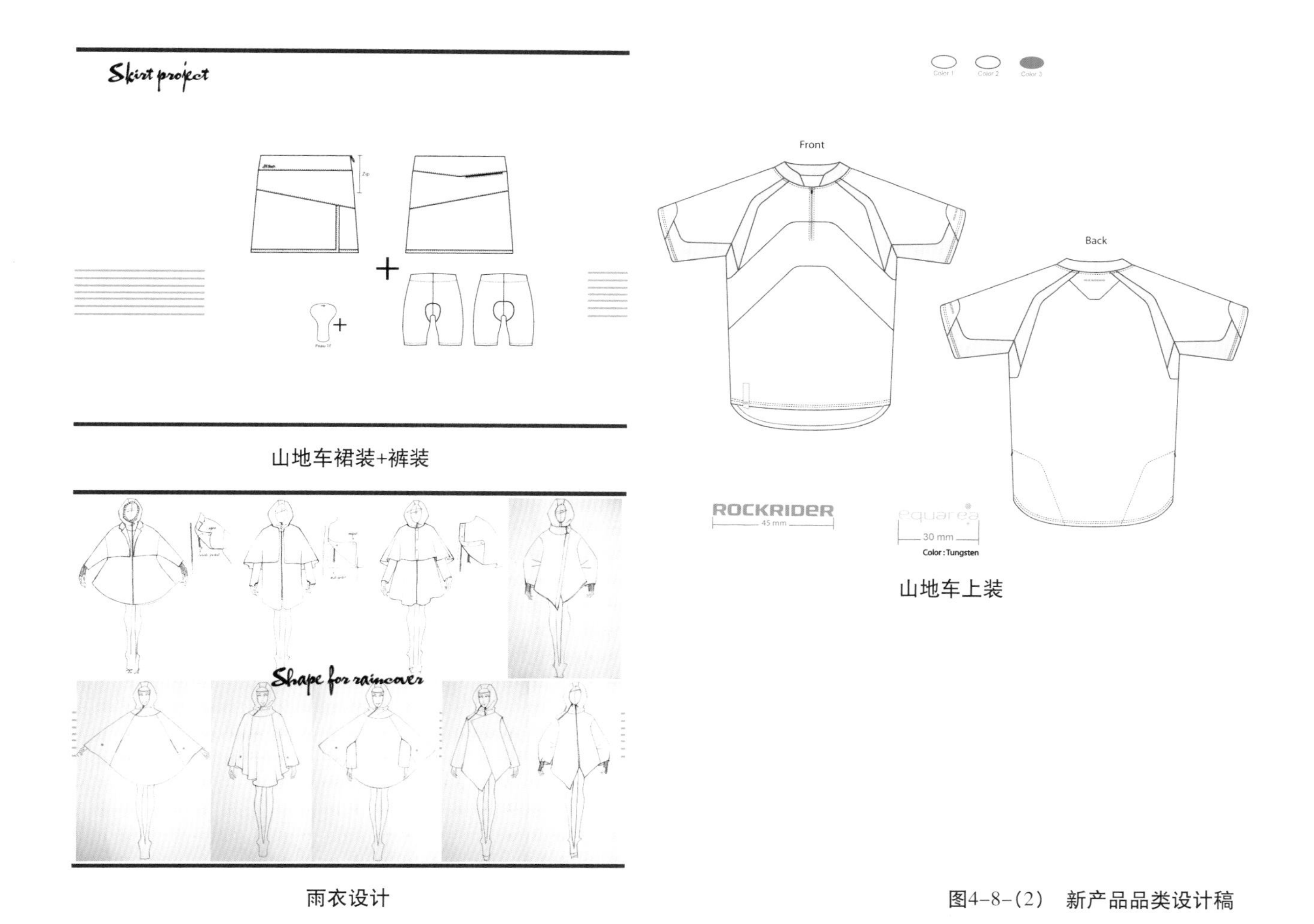

山地车裙装+裤装

雨衣设计

山地车上装

图4-8-(2) 新产品品类设计稿

（2）细节设计选择

细节设计选择是指设计师将上一阶段确认的黑白款式图加入更多的细节设计，例如色彩、印花、刺绣等，提供大于选择数量的彩色完成稿，供产品经理选择确认（图4-9）。

在细节设计选择中，色彩选择是极为重要的一个环节，B'TWIN新产品设计开发团队设计师以创意灵感HUB部门发布的迪卡侬品牌内部色彩趋势为基本参照，同时参考之前完成的灵感版面，选取品牌代表性色彩、灵感图片启发色彩和流行趋势色彩几大类中的具体颜色，同时制作出色彩搭配比例组合，经

图4-9-(1) 山地车短裤设计

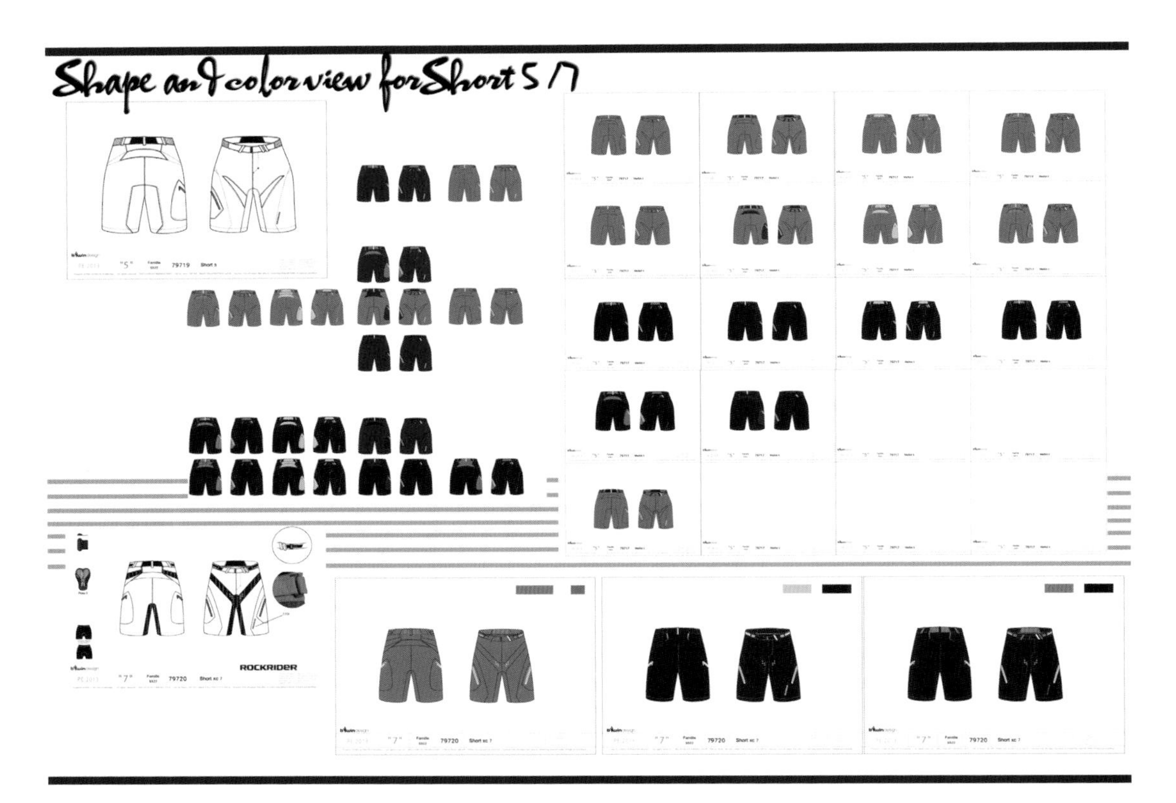

图4-9-(2) 山地车短裤设计

图4-9-(3) 山地车短裤设计

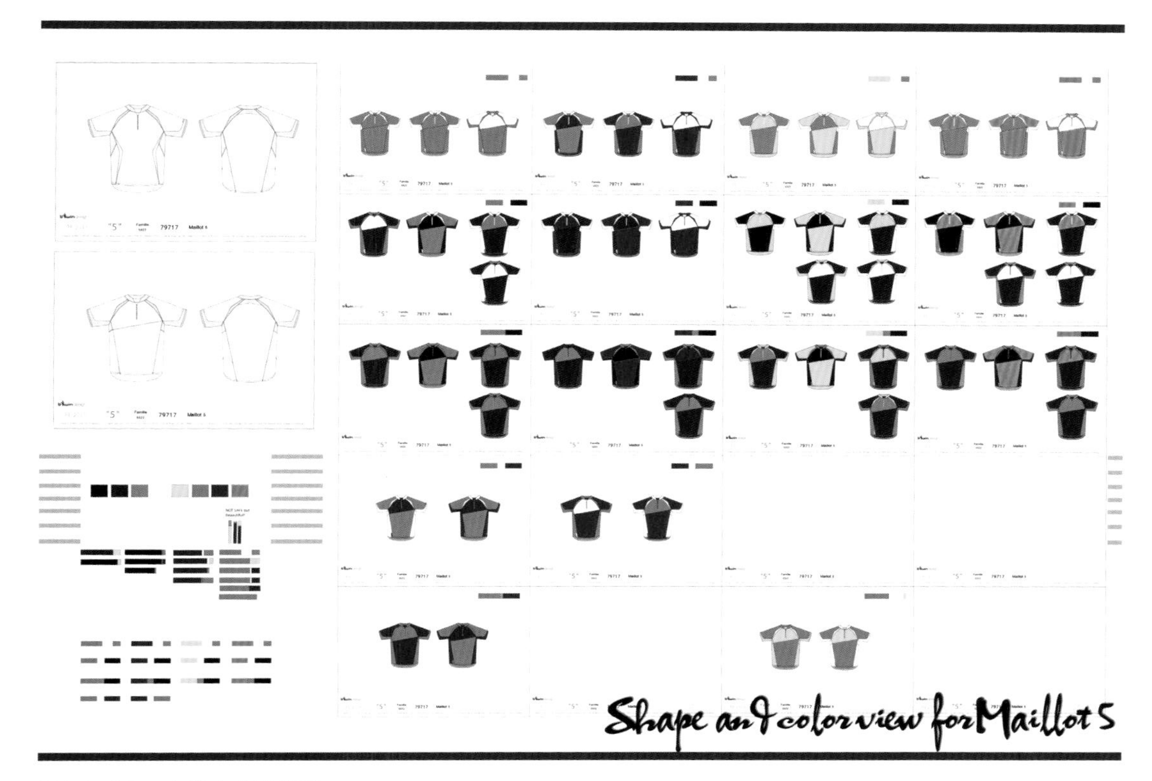

图4-9-（4） 山地车上装设计

Concept for raincover

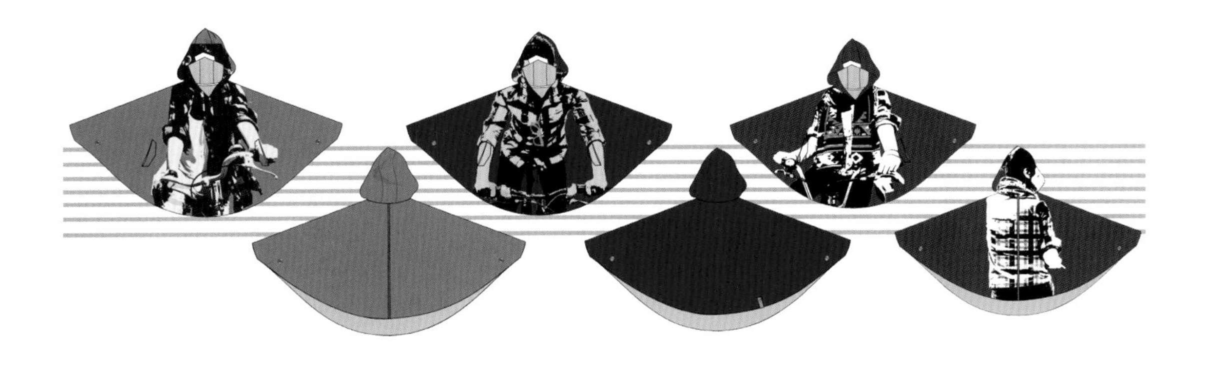

图4-9-（5） 雨衣设计

过产品经理确认后完成色彩初步选择，后期可进行微调。

3. 设计产品样品阶段

经过前期大量的准备工作，在本阶段所有非竞技自行车运动服饰设计产品的设计图稿都经由产品经理确认，进入样品制作阶段，设计师同时需要将所设计开发的新产品信息输入公司内部产品管理PACE系统。

样衣制作出之后需要经过样衣的静态及动态试穿。静态试穿是指运动者以固定姿势穿着样衣并反馈感受；动态试穿是运动服装中特有的试穿方式，运动者通过骑行运动状态下的测试检验新产品运动舒适度和功能性，同时反馈试穿感受。在新产品设计开发阶段，新产品的设计和样品经常存在不够完善的地方，要通过样品测试及时发现新产品可能存在的问题并及时解决，为后期生产销售提供保障。

三、设计开发实例

（1）自行车装（图4-10）

设计：杨璇、苏斯

设计灵感来源于自行车本身，是一组为情侣设计的运动服装。

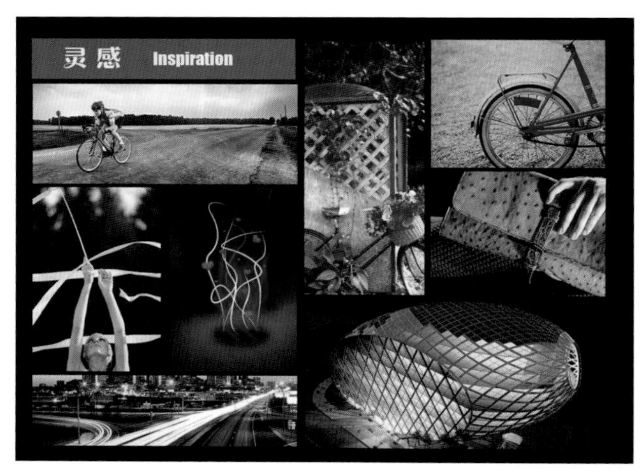

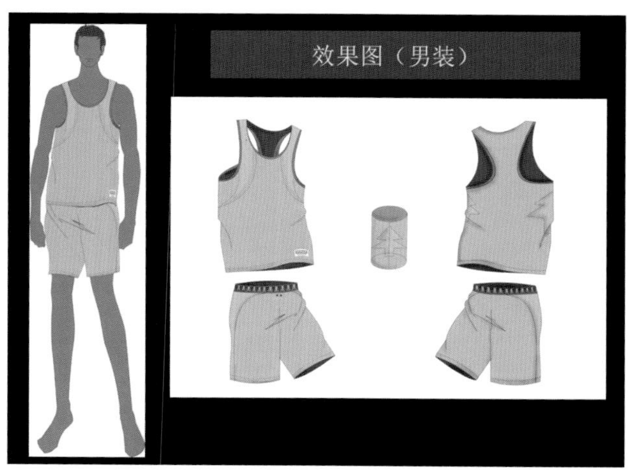

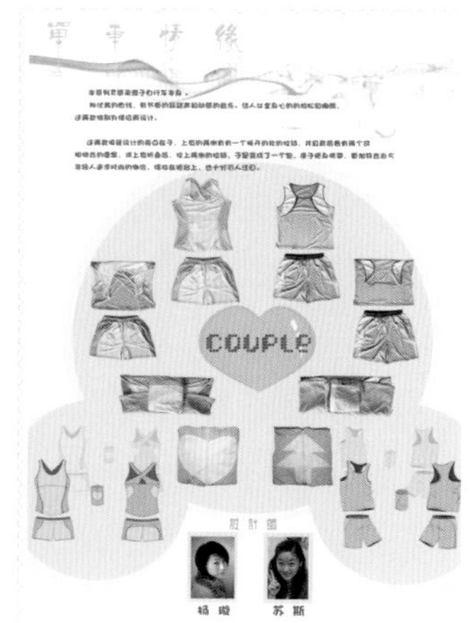

图4-10　自行车装——杨旋　苏斯

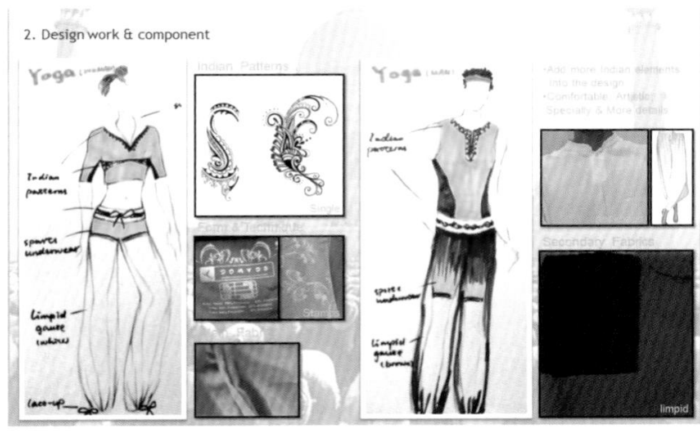

图4-11　瑜珈装　王宸　陈韵致作品实例

（2）瑜伽装（图 4-11）

设计：王宸、陈韵致

设计灵感来源于印度图案、印度纱丽。

（3）健美操服（图 4-12）

设计：董姝婷、王圆吉

设计灵感来源于海豚。

（4）健美操服（图 4-13）

设计：梁洁、任笑含

设计灵感来源于汽车飞驰的流线感。

（5）爵士舞服（图 4-14）

设计：阮艳雯

设计灵感来源于能量释放。

（6）休闲装（图 4-15）

设计：周礽

设计主题是自然，低语。

（7）跑步机健身服（图 4-16）

设计：南雪蕾、李靓

设计灵感来源于变形金刚——大黄蜂。

（8）健身服设计（图 4-17）

设计：杜昀初

设计灵感来源于太空战士。

（9）2020 年跑步概念设计

1）将电子宠物结合在运动服装备中，可以设计在服装上，也可以设计在腕带、运动包上，根据运动的状况电子宠物可以表现出不同的状态，这组概念设计充满了趣味性（图4-18）。

2）将能感应运动者心情的面料用在健身服上，图案的色彩不同表现不同的心情（图4-19）。

图4-12　健美操服　董姝婷　王圆吉

图4-13　健美操服　梁洁　任笑含

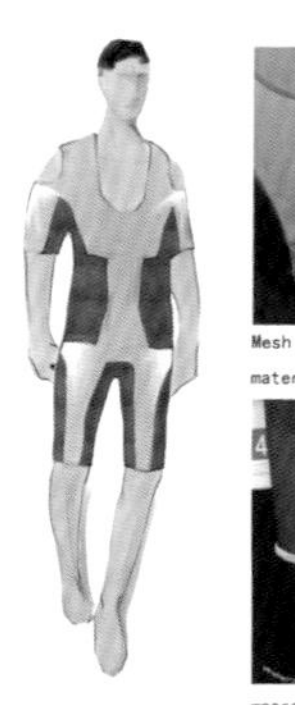

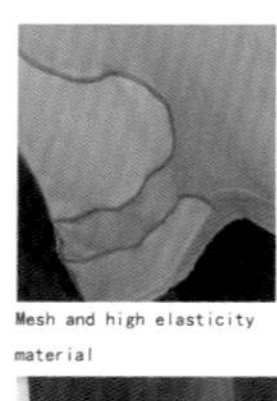

Mesh and high elasticity material

wearable and supporitv material

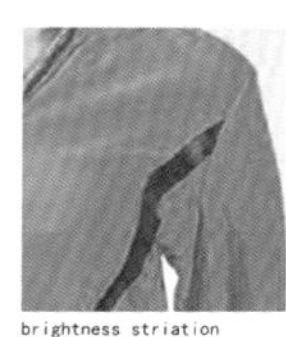

brightness striation material

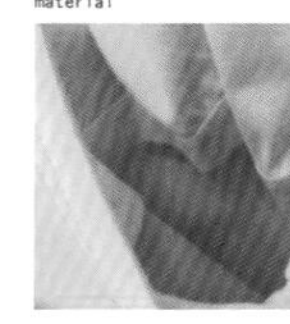

secret bra

The keystone about our close is the founction. Some muscle in ourbody should be well procteted, on these part we put some special material to provid strenght. Some part like neck line, oxter use maierials to put off the sweet.

Most girls join Aerobics for lose-weight. We try to add some materials wich can help burning fat.

Inspiration from the car' s flown Outline

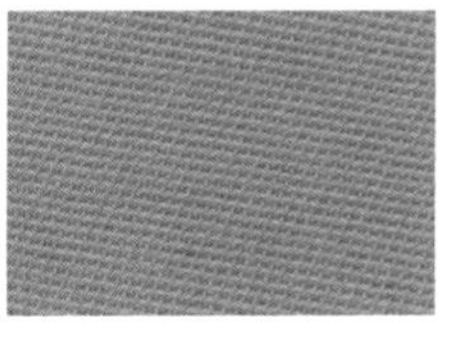

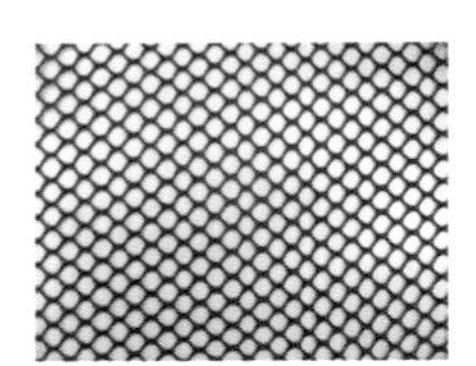

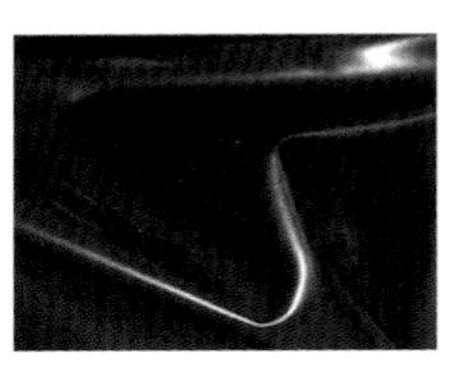

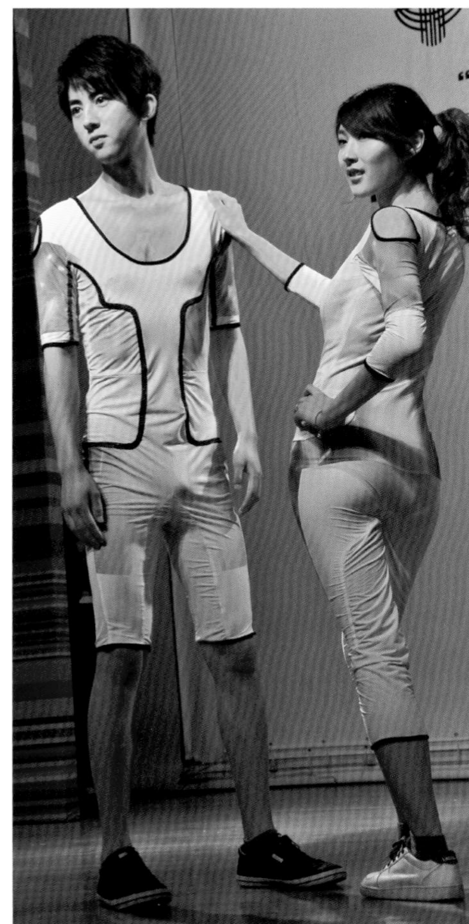

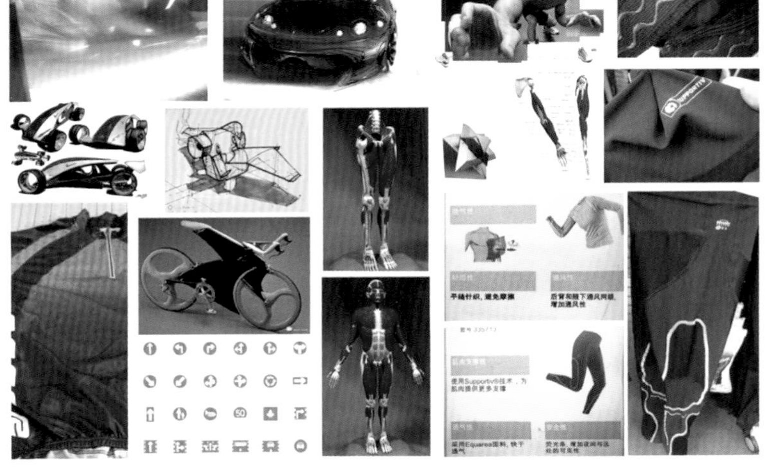

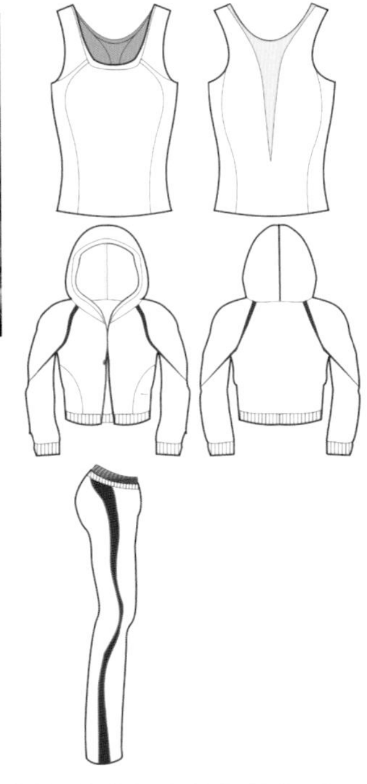

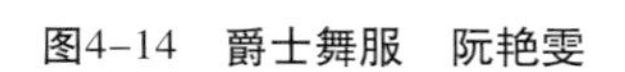

图4-14　爵士舞服　阮艳雯

图4-15　休闲装　周初

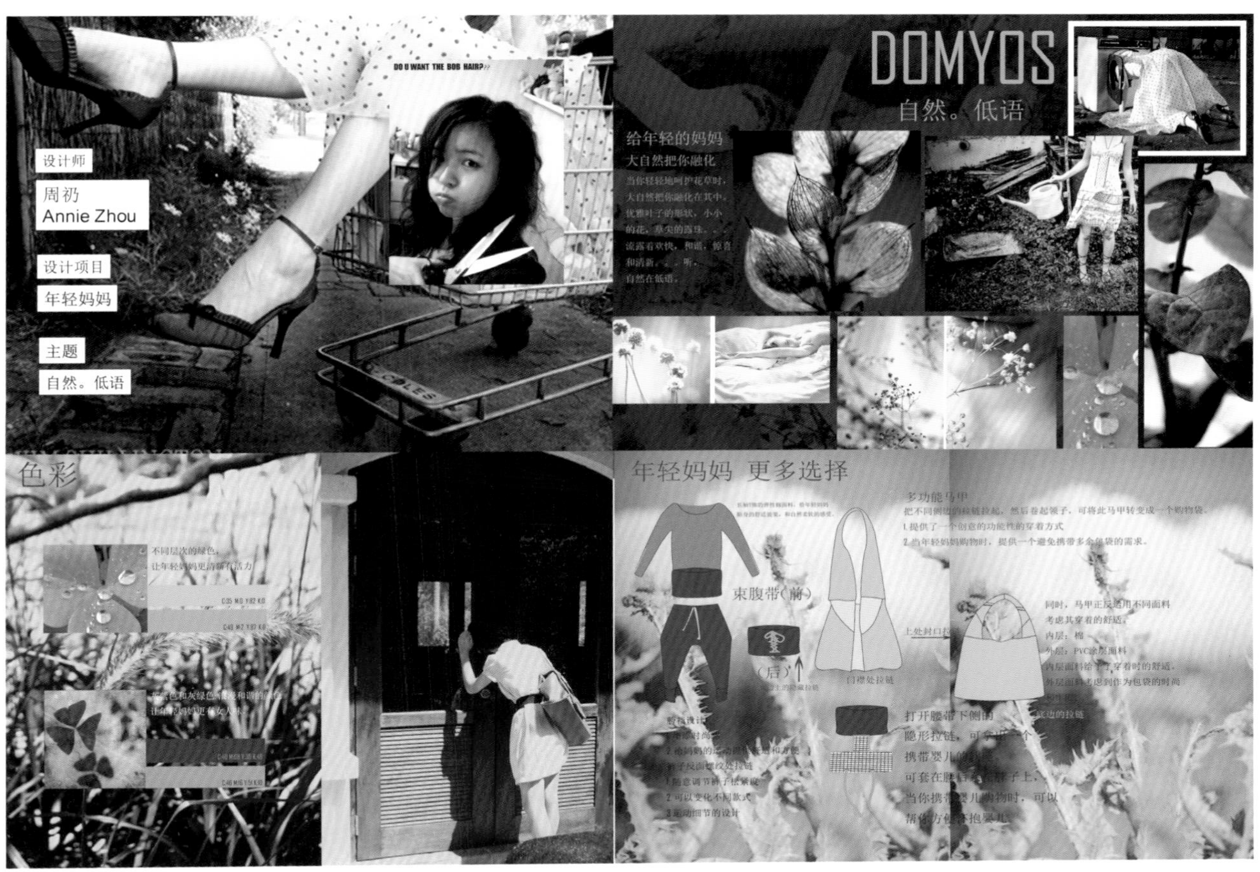
DO U WANT THE BOB HAIR?
设计师
周礽
Annie Zhou
设计项目
年轻妈妈
主题
自然。低语
DOMYOS
自然。低语
给年轻的妈妈
大自然把你融化
色彩
年轻妈妈 更多选择
多功能马甲
束腹带（前）
（后）

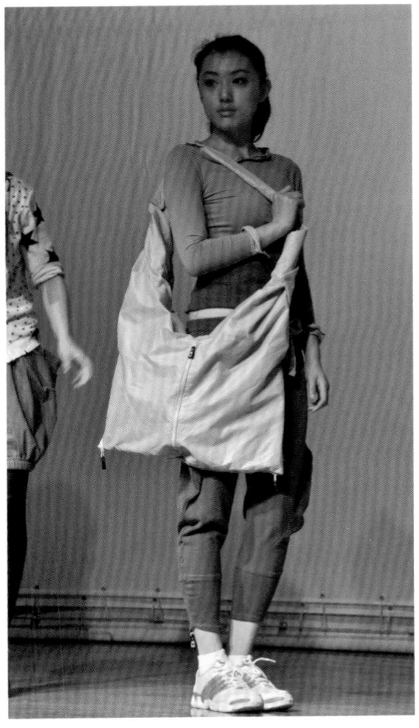

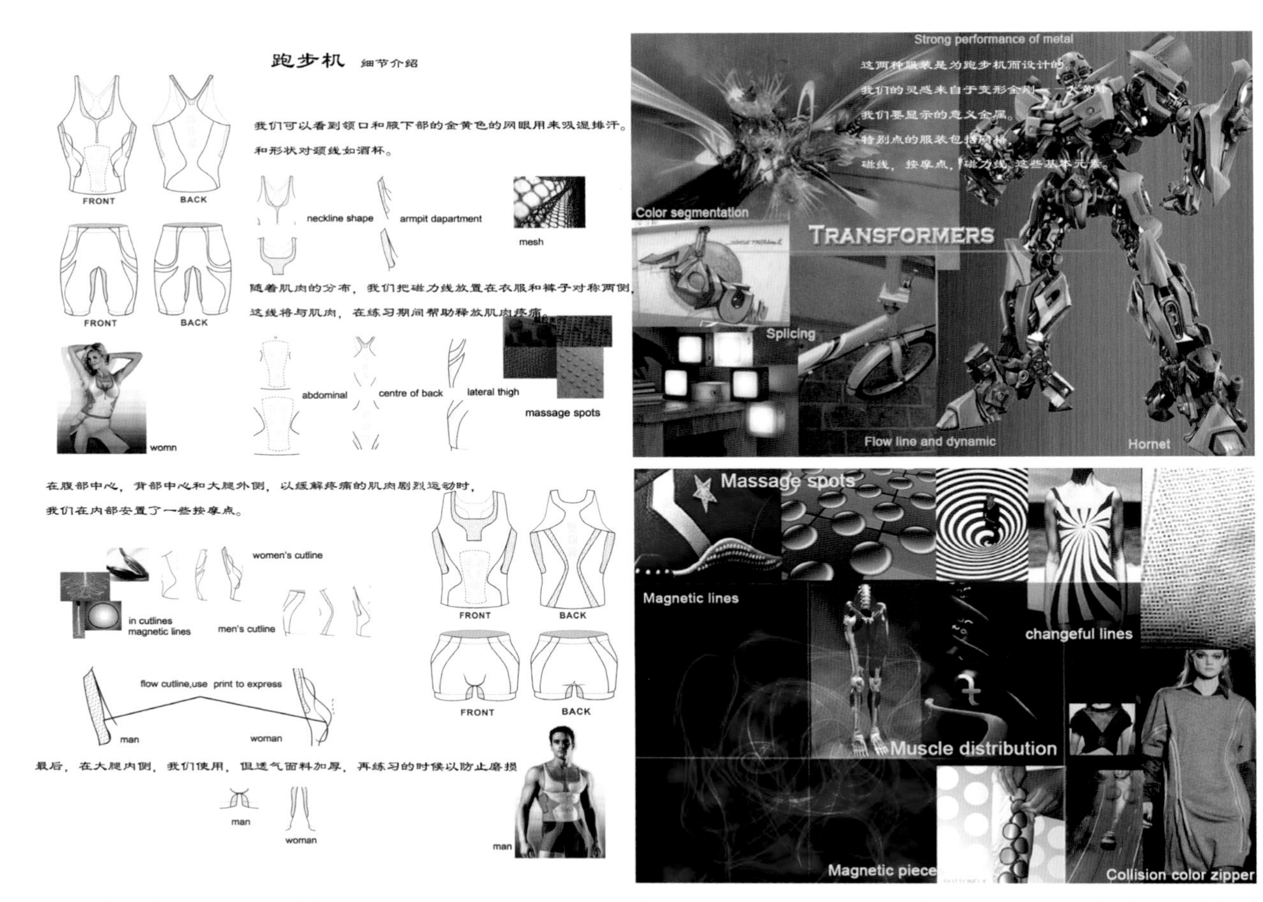

图4–16 跑步机健身服 李雪蕾 李靓

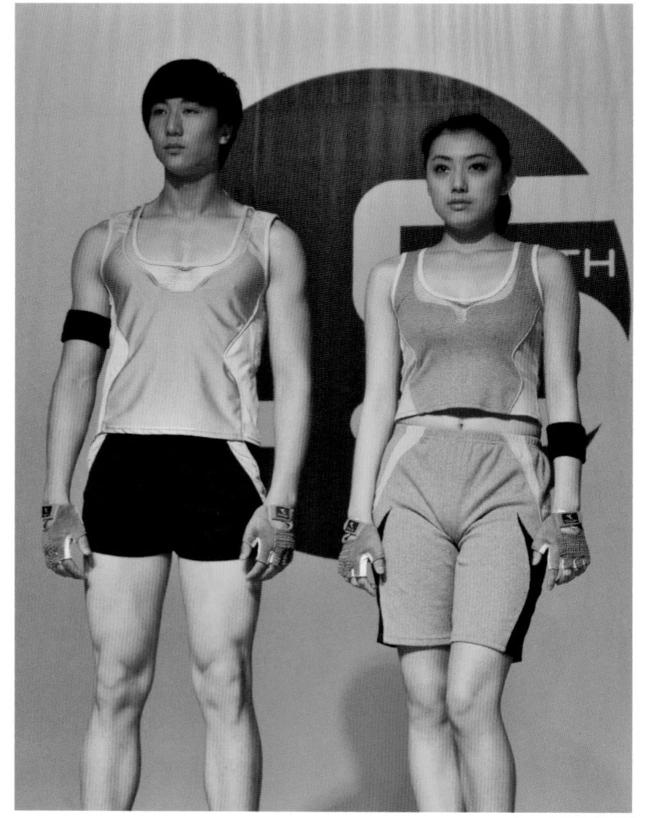

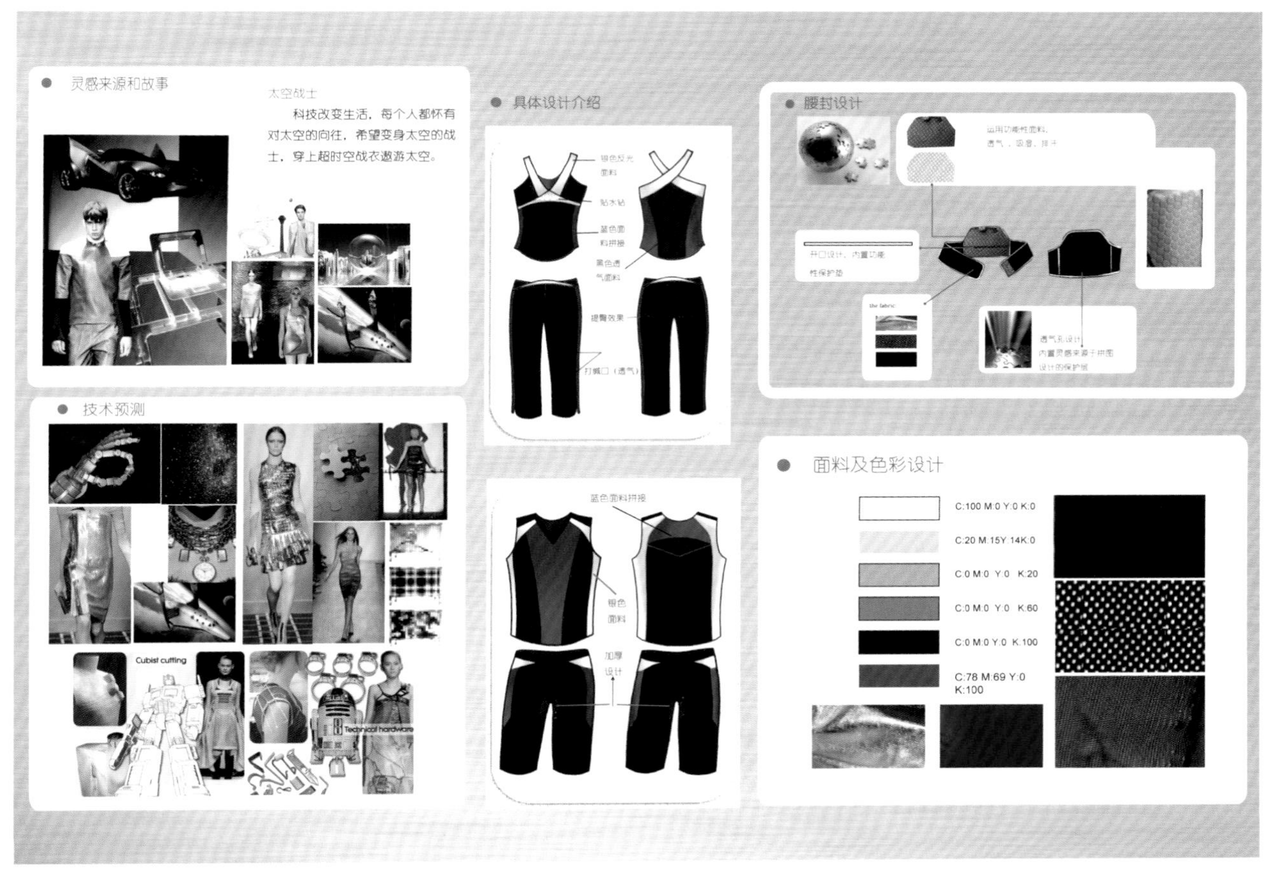

图4–17　健身服　杜昀初

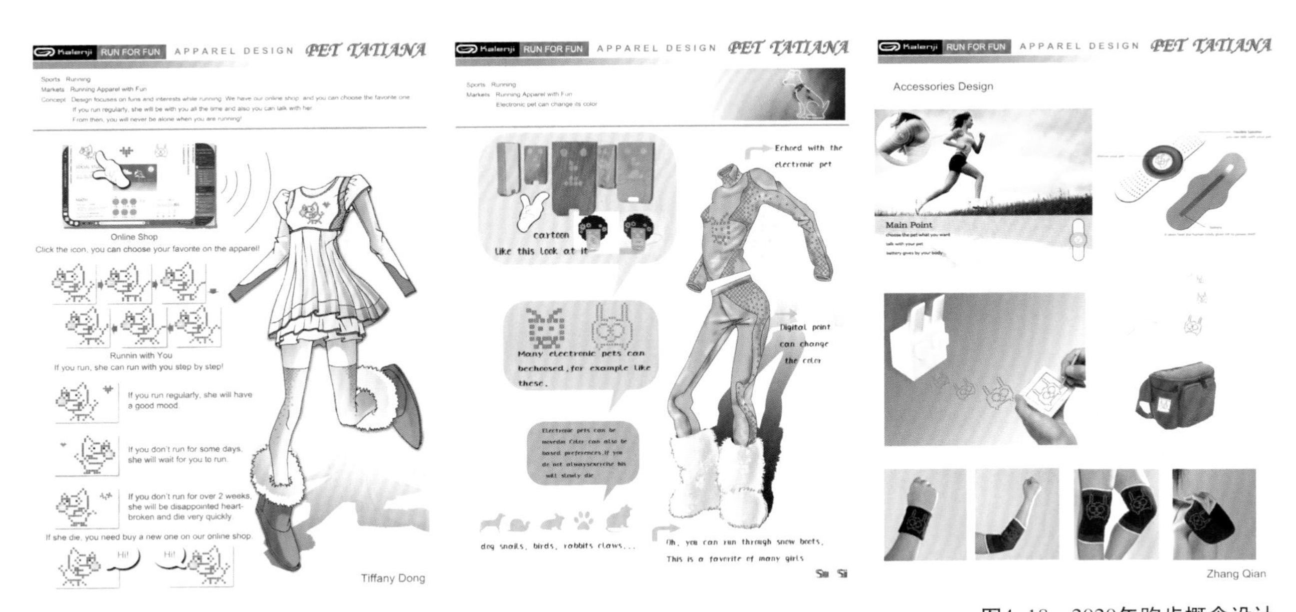

图4–18　2020年跑步概念设计

Kalenji **FEMINITY**

THE GRAPHIC ON APPAREL CAN SHOW HER INNER BEAUTY WHEN RUNNING ACCORDING TO HER UNIQUE MAGNETIC FIELD

Kalenji

THE GRAPHIC ON APPAREL CAN SHOW HER INNER BEAUTY WHEN RUNNING ACCORDING TO HER UNIQUE MAGNETIC FIELD.

Her Character & Mood

EXCITING HAPPY PEACEFUL SAD

By:

Carmen, Zeng and Eve

Dec. 22, 2010

in workshop Kalenji &

Donghua University

图4-19　2020年跑步概念设计

参考文献

［1］何畏. 户外休闲运动与装备［J］.中国集体经济:2012（17）

［2］户外用品市场的整体趋势与发展分析［OL］.［2012–8–26］. http:// bbs.8264.com / thread–1380433–1–1.html

［3］董范. 国伟，董利. 户外运动学［M］.武汉:中国地质大学出版社.2009

［4］轻户外轻生活［OL］.［2011–12–19］. http : // www.xout.cn / huwai / xsxt / liaojie–huwai / 84225.html

［5］张叶. 户外运动服装的设计研究硕士学位论文［D］.天津：天津工业大学，2007

［6］杨银英. 孟家光.浅谈户外运动服装用功能性面料［J］.国际纺织导报：2009（11）:2

［7］吴晓菁. 服装流行趋势调查与预测［M］.北京:中国纺织出版社.2009

［8］中国户外市场的整体分析与发展趋势.户外运动论坛［OL］.［2012–9–19］. www.iouter.com

［9］田伟. 陈琳，周捷.户外运动服装的衣袖结构设计［J］.西安工程大学学报：2010.24（6）

［10］徐春华. 户外运动服装的色彩研究［D］.东华大学，2012

［11］王秋寒. 唐潇.图案在户外装设计中的应用［J］.武汉纺织大学学报：2011（24）

［12］张浩. 赵书林.高性能运动及户外服装织物性能研究［J］.天津纺织科技：2006（I）:17

［13］Muran L. 运动服和其他高性能服装的技术创新与市场趋势［J］.国外纺织技术:2004（1）

［14］ 打造全新品牌形象：探路者官方网站http://www.toread.com.cn

［15］ Stefano Ardito. 现代登山探险史［M］.北京：水利水电出版社.2006

［16］ 王开玲. 滑雪服设计元素的研究［D］.江南大学，2008

［17］ 孙琳琳. 户外运动服装备设计探微［D］.吉林大学，2007

［18］ 张跃. 户外运动服装面料及其应用研究［J］.网络财富:2010（15）

［19］ 丁英翘. 北方户外运动服功能性设计与研究［J］.中国科技信息:2011（6）

［20］ 向东. 白敬艳.户外运动服装：设计须以人为本［J］.中国制衣：2006（9）

［21］ 张姣. 从Y–3论运动服的时尚化设计［J］.设计与产品:2007（4）

［22］ 李国生. 张瑜.从宇航服设计到功能性服装的研发［J］.美与时代:2006（6）

［23］ 李晓慧. 功能性运动服装的前景研究［J］.北京体育大学学报:2005（3）

［24］ 李红艳. 户外运动的起源及其在中国兴起之探究［J］.体育社会科学:2004（3）

［25］ 易风. 高科技运动服装面料制衣技术［J］.中国纤检:2001（1）

［26］ 何碧霞. 强利玲.基于户外运动功能的登山服设计与面料选择［J］.现代纺织技术:2012（2）

［27］ 程占群. 户外功能服装的选择与季节配套［J］.文体用品与科技:2004（9）

［28］ 王开玲. 梁惠娥，甄春芬.浅析现代滑雪服色彩设计的表现规律［J］.江苏科技信息:2008（1）

［29］ 王莉. 对北京户外运动产业发展状况的调查研究［J］.北京体育大学:2005，28（9）

［30］ 张鑫哲. 陈丽华. 高性能运动服装发展现状与趋势［J］.纺织导报:2010（5）

责任编辑：杜亚玲
封面设计：彭 波

ISBN 978-7-5669-1318-0

定价：55.00元